《福建笋用竹研究》编委会

主　　编　陈松河

副 主 编　张万旗　丁振华　包宇航　邹跃国　黄克福

参　　编　马丽娟　郭惠珠　罗　祺　刘开聪　刘　婧

摄　　影　陈松河　邹跃国　丁振华　林　靖　郭惠珠

顾　　问　陈榕生

The Shoot-oriented Bamboo in Fujian

福建笋用竹研究

陈松河 著

厦门大学出版社
XIAMEN UNIVERSITY PRESS
国家一级出版社
全国百佳图书出版单位

图书在版编目(CIP)数据

福建笋用竹研究/陈松河著.—厦门:厦门大学出版社,2019.9
ISBN 978-7-5615-7611-3

Ⅰ.①福⋯ Ⅱ.①陈⋯ Ⅲ.①竹笋—研究 Ⅳ.①S644.2

中国版本图书馆 CIP 数据核字(2019)第 209707 号

出 版 人	郑文礼
责任编辑	陈进才

出版发行 厦门大学出版社

社 址	厦门市软件园二期望海路 39 号
邮政编码	361008
总 机	0592-2181111 0592-2181406(传真)
营销中心	0592-2184458 0592-2181365
网 址	http://www.xmupress.com
邮 箱	xmup@xmupress.com
印 刷	厦门市竞成印刷有限公司

开本	787 mm×1 092 mm 1/16
印张	12
字数	222 千字
版次	2019 年 9 月第 1 版
印次	2019 年 9 月第 1 次印刷
定价	58.00 元

本书如有印装质量问题请直接寄承印厂调换

厦门大学出版社
微信二维码

厦门大学出版社
微博二维码

内容简介

　　竹子是禾本科(Gramineae)竹亚科(Bambusoideae)植物的统称，是禾本科植物中较为原始的类群。中国是利用竹资源历史最悠久的国家。竹类植物在生长过程中产生竹笋，竹笋笋肉营养丰富，含有人体所需的多种矿物质和氨基酸，具有高蛋白、低脂肪、多纤维等优点。竹笋味香质脆，是我国的传统佳肴，食用和栽培历史极为悠久。福建地处中亚热带至南亚热带，自然条件优越，非常适合竹类植物的生长。本书应用植物生物学、植物生态学和植物分类学等原理和方法，对福建笋用竹的特性(出笋期、笋味、营养成分等)、应用情况及推广前景等进行了详细系统的调查研究，建立了优良笋用竹竹种选择的量化评价指标体系，筛选出了适合培养推广的优良笋用竹种，提出了笋用竹周年供笋模式，概述了笋用竹培育技术要点，较全面介绍了福建优良笋用竹种类。

　　本书具有较强的理论性和实践性，不仅将对福建竹笋产业的研究和应用起促进作用，对其他地区的竹业发展也具有很好的指导借鉴意义。

　　全书内容丰富，图片资料翔实，重点突出，集学术性、科学性、实用性于一体，可读性强，不仅是广大笋用竹工作者的良师益友，也适宜于广大竹业工作者、有关院校师生和广大竹类植物爱好者参考使用。

前　言

　　竹子是禾本科(Gramineae)竹亚科(Bambusoideae)植物的统称,是禾本科植物中较为原始的类群。竹子不仅具有材用和观赏价值,也具有很好的食用价值。竹子在生长过程中产生的竹笋含有人体所需的多种矿物质和氨基酸,具有高蛋白、低脂肪、多纤维等优点。竹笋味香质脆,是我国的传统佳肴,食用和栽培历史极为悠久。竹笋一般生长在少污染、低残毒的自然环境中,素有"寒士山珍"之称,是我国传统名菜。它味美可口,营养丰富,具有保健功能,是一种深受现代人追捧的绿色健康食品,在国内外拥有广阔的市场。

　　我国是世界上竹子资源最丰富的国家。近年来,我国竹笋生产规模、栽培技术、经营手段发展非常迅速。但纵观我国竹笋产区的生产和供应状况,仍然普遍存在着竹种单一、品种单调,竹笋鲜品供应时间过于集中,一年四季供应旺淡不均的状况,制约了城镇居民的消费需求。

　　本书以福建华安竹种园、厦门市园林植物园和闽侯青芳竹种园为主要研究(试验)地,探讨了福建省笋用竹的出笋期、笋味、营养成分、应用情况及推广前景,并根据竹笋口感、出笋期、营养成分状况(氨基酸含量)、出笋持续时间、产量和可食率等方面建立了优良笋用竹竹种选择的量化评价指标体系,研究并提出了福建笋用竹竹笋周年供笋模式,概述了福建笋用竹培育技术要点,对福建优良笋用竹种类进行了较详细的介绍,最后阐述了厦门竹笋业现状及发展对策。

　　需要指出的是,竹类的生长具有较强的地域性,不同地区适宜生长的竹种不尽相同,即使在同一地区,不同的环境条件适宜的竹种也有区别。因此,在应用本成果时,应具体问题具体分析。实际应用过程中,应该对竹子的生长习性和生长环境进行详细了解,综合考虑各种因素,进行必要的前期试验后再大规模实施,而不能生搬硬套。再者,竹笋因不耐存储,鲜食时品质保持的时间较短,在实际供笋过程中不可避免需要存储和运输。竹笋储存、保鲜方面的研究本书未涉及,有待今后进一步研究探讨。

由于笔者水平有限和经验不足,编写时间比较仓促,掌握的资料也不尽全面,书中难免误漏和不当之处,敬请有关专家、学者、科技和生产工作者以及广大读者批评指正。

值此书出版之际,谨向所有关心、支持本书出版的单位、领导、专家、朋友表示衷心的感谢!

陈松河

2019 年 7 月

目　录

第1章 笋用竹应用概述

> 竹子是禾本科(Gramineae)竹亚科(Bambusoideae)植物的统称,是禾本科植物中较为原始的类群,现已发现距今 1000 万年前的竹子化石(方伟等,2015)。人类利用竹子来进行生产、生活则要追溯到公元前 3300—前 2800 年(Ding Y,1996)。中国是利用竹资源历史最悠久的国家,早在尧舜时代的上古神话传说中,就开始用竹制造弓箭,商代用竹子制造书简和编竹器,汉代用竹建造宫殿,晋代用竹造纸。但竹的最主要的用途之一可能是食用。《齐民要术》上说,竹"中国所生,不过淡苦二种",用口味淡苦来区分竹的种类,可见食用是竹的主要用途。又说:"二月,食淡竹笋;四月、五月,食苦竹笋。蒸、煮、炰、酢,任人所好。"也可见当时食用竹笋之普遍。《齐民要术》一书中还引述了《永嘉记》《竹谱》和《食经》等书中有关竹笋的采掘、加工和食用的方法。

1.1 中国竹子的分布概况

人们对竹类植物的研究始于 19 世纪(Walter Liese,2001;Lindley J,1835;Camus E G. 1912;McClure F. 1925;Lee A. ,etc. ,1996)。据统计,全世界约有木本竹类 60 属 1200 余种,草本竹类 25 属 110 余种(孙家华等,1992)。中国是世界上竹类资源最丰富的国家(Maxim Lobovikov,etc. ,2007),按照耿氏竹子分类系统,现有竹种 39 属 500 余种,竹林蓄积量、竹材和竹笋产量均居于世界首位(萧江华,2000),被称为"世界竹业大国"。根据第七次全国森林资源清查结果,中国竹林面积为 538. 10 万 hm²,福建省现有竹林面积 110 万 hm²,居全国首位(郑国太,2015)。

中国幅员辽阔,区域地形、土壤、气候等自然条件变化多样,竹种生物学特性各异,竹类植物分布具有明显的地带性和区域性。根据竹类植物分布情况,中国竹类植物划分为四大竹区,即北方散生竹区、江南混合竹区、华南丛生竹区(南方丛生竹区)和琼滇热带攀援竹区。其中华南丛生竹区位于两广南岭、福建戴云山脉、广西以南的南部地区,约相当于北纬25°以南地区,因而该竹区恰涵盖闽南地区全境。闽南地区包括福建省东南部的厦门、泉州、漳州、龙岩市新罗区和漳平等地区。闽南地区西北有博平岭山脉,北部有戴云山山脉,东北有鹫峰山脉,形成本区的天然屏障,且处于晋江、九龙江、汀江下游,形成南亚热带季风湿润型气候,全年雨水偏少,气温较高,雨热同期,年温差较小,植被为亚热带常绿阔叶林。该区分布的竹类植物以丛生竹为主,散生竹和混生竹较少(熊德礼等,2001;黄克福,1985)。

1.2 福建竹子的分布概况

福建省生境的多样性满足了不同竹类的生长,竹类资源丰富,有120多种15属,即簕竹属(*Bambusa*)、绿竹属(*Dendrocalamopsis*)、慈竹属(*Neosinocalamus*)、牡竹属(*Dendrocalamus*)、唐竹属(*Sinobambusa*)、短穗竹属(*Brachystachyum*)、刚竹属(*Phyllostachys*)、倭竹属(*Shibataea*)、寒竹属(*Chimonobambusa*)、玉山竹属(*Yushania*)、酸竹属(*Acidosasa*)、少穗竹属(*Oligostachyum*)、大明竹属(*Pleioblastus*)、茶竿竹属(*Pseudosasa*)和箬竹属(*Indocalamus*),可分为南亚热带丛生竹林区和中亚热带混生竹林区(林益明,2001)。

1.2.1 南亚热带丛生竹林区

南亚热带雨林地带的北界线于福建省境内自闽西南的永定下洋,与广东省大浦、蕉岭、英德一线相接;向东经福建省南靖县永溪、漳平古坑、石门、德化戴云山(山脊)、福清琅口、福州北峰、罗源至飞鸾达三江入海。地带内以其北和西北缘的戴云山—博平岭一线山脉为地形骨架,构成境内西北高、东南低的地势,即西北部以中低山为主,向东南逐渐过渡到海拔200~400 m的丘陵地以及滨海地带的冲积、海积平原和台地。该区沿鹫峰山—戴云山—博平岭一线的东南地区,东南界为海岸线,区内海拔450 m以下,因受海洋暖湿气流的调节,地形致雨作用强烈,加上山脉对冬季南侵寒潮的阻挡,使区内形成湿热气候,年均气温20 ℃以上,绝对最低气温在0 ℃以上,某些地区个别年份可低达－2 ℃,但时间极短,基本上全年无冬。年降水量除沿海地区为1000 mm外,一般为1400~2000 mm,属南亚热带气候。土壤为砖红壤性红壤,地带性植被为南亚热带雨林,主要以茜草科、樟科、大戟科和紫金牛科等热带性科属种为主,其次为豆科、蔷薇科等世界广布性科为主。区内竹类植物以丛生竹类为主,有簕竹属、绿竹属、慈竹属和牡竹属种类,在平原、丘陵地区人工栽培的丛生竹林面积较多,野生丛生竹林分布面积较小。该区散生竹和复轴混生竹种类一般零星分布在海拔较高的丘陵山地,散生竹和复轴混生竹有刚竹属、寒竹属、酸竹属、唐竹属、倭竹属、少穗竹属、大明竹属和箬竹属种类,在南靖、平和等县雨量充沛的地区刚竹属的大型竹类毛竹分布面积较大;而闽东一些雨量少的地区毛竹面积分布较小。

1.2.2　中亚热带混生竹林区

该区自鹫峰山—戴云山—博平岭一线山脉以西以北,均属中亚热带常绿阔叶林地带,它大部分隶属于"中国植被区划"中的中亚热带常绿阔叶林南部亚热带,而闽北部隶属于北部亚热带。鹫峰山—戴云山—博平岭一线山脉自东北向西南斜贯于该省中部,闽西北有武夷山脉,向东北延伸与浙江省的仙霞岭相连,2大山脉构成地带内的地势自东北向西南逐级下降,顺次形成中、低山和高、低丘陵等层状地形,其间镶嵌着众多的大小河谷、平原及山间盆地。受两大山脉的地形屏障作用和东南季风的影响,地带内常年气候温暖湿润,年均气温 17～19.5 ℃;绝对最低气温−8～−5 ℃,年降水量1500～2000 mm,年均相对湿度75%～80%。沿戴云山、博平岭一线北侧附近的中山丘陵土壤以红壤和黄红壤为主,沿武夷山脉附近则以红壤为主,辅有黄红壤、黄壤、紫色土等。地带内的常绿阔叶林建群种以壳斗科(尤以栲属)树种为主,其中甜槠、栲树、苦槠、米槠和青冈等占显著比例。该区竹林自南向北为丛生竹类向散生竹类的过渡地带,区内丛生竹种较少,混生竹、散生竹种类较多,是混生竹的分布中心。区内分布有少量的丛生竹,一般为丛生竹中较耐寒的广布种类,如孝顺竹、青皮竹等,散生竹和复轴混生竹有短穗竹属、刚竹属、寒竹属、酸竹属、唐竹属、倭竹属、少穗竹属、大明竹属、茶竿竹属和箬竹属种类。该区海拔1300 m以上的山顶气温低,紫外线辐射强烈,分布着合轴散生的温性竹林。德化戴云山主峰海拔 1500 m 的灌丛分布长耳玉山竹(*Yushania longiaurita*),南平市茫荡山海拔1300 m分布百山祖玉山竹(*Yushania baishanzuensis*),武夷山海拔 1500 m 以上分布长鞘玉山竹(*Yushania longissima*)、湖南玉山竹(*Yushania farinosa*)、毛竿玉山竹(*Yushania hirticaulis*)、撕裂玉山竹(*Yushania lacera*)和武夷玉山竹(*Yushania wuyishanensis*)。

1.3 中国笋用竹应用概况

竹类植物在生长过程中产生竹笋,竹笋又称竹芽、鞭笋,是初生、肥嫩、短壮的芽或竹鞭的幼芽(张万萍等,2010)。笋肉营养丰富,含有人体所需的多种矿物质和氨基酸,具有高蛋白、低脂肪、多纤维等优点(杨月欣等,2002)。经研究测定,竹笋中除含有氨基酸、脂肪、碳水化合物等(Bhatt,etc.,2005)营养成分外,还含有黄酮类化合物(宋秋华等,2007)、酚类化合物、甾类、萜烯、有机酸、多糖和膳食纤维等(刘晓婷,2004)多种生物活性成分,对肥胖者和动脉硬化、高血压、冠心病、糖尿病患者都有一定的功效(Kumbhare,etc.,2007)。根据杨慧敏等开展的 24 种竹笋蛋白质对肿瘤细胞增殖的抑制作用研究表明,竹笋蛋白对肿瘤细胞,如胃癌细胞 SGC7901 和结肠癌细胞 HCT116 均有显著的抑制作用(杨慧敏,吴良如,2018)。竹笋中所含的多种维生素和矿物质,如钙、磷、铁、铜、锌、锰、镍、铬、钴、钒、锡等元素,有利于维持人体微量元素的稳定(刘力等,2005)。鉴于竹笋中的重要营养价值和医疗保健作用,竹笋除鲜食外,也被用于提取加工成饮料、医药、食品及食品添加剂等。

1.3.1 竹笋食用和栽培的历史

竹笋味香质脆,是我国的传统佳肴,食用和栽培历史极为悠久(金爱武等,2004)。

《诗经》是西周初年至春秋时期的诗歌汇集,其中有"加豆之实,笋菹鱼醢""其籁伊何,惟笋及蒲"等诗句,表明了人民食用竹笋有 2500~3000 年的历史。

随着历史的发展,竹笋不仅自产自用,而且逐步变成了商品。西汉司马迁在《史记·货殖列传》中提到"渭川千亩竹;……此其人皆与千户侯等",当然也包括竹笋的价值在内。

到晋末,竹笋栽培技术有了很大提高,有关文字记载也相继问世。武昌戴凯之对民间食用竹笋做了初步的研究总结,著有《笋谱》一书,成为世界上最早的一部竹笋专著,当时已有盐笋干加工法,可惜此书已佚失。

唐代尚书省虞部主管林业,内官有"司竹监,……岁以笋供尚食"。民间除食用竹笋外,还挖掘出售,换取其他物品。白居易有《食笋诗》"此处乃竹乡,春笋满山谷;山夫折盈把,把来早市鬻"。

到了宋代,人们知道的竹笋已由晋代的 61 种增加到 86 种,对竹笋的加工有了进一步的发展,对竹笋的食用方法有了研究。宋黄庭坚《食笋十韵》有"洛下斑竹笋,花时压鲑菜。……"之句。竹笋可以同肉类、鱼类及各种蔬菜调配烹食。

至元、明、清三代,竹笋的加工水平又不断提高,有些方法至今尚在应用。如明代加工笋干法:"每笋一百斤,用盐五斤,水一小桶,调盐渍半响,取出扭干,以元卤澄清,煮笋令热,捞出压干。烹食时,用水浸软,并以浸笋水煮之。"这一方法之清、中华民国时乃用之,并有进一步发展。"青笋干即清竹笋,盐汤煮后,晒干,以临安天目产最佳,色如鹦哥绿,有'尖上''尖球子''二尖'等名。绿笋片即玉版笋,以毛笋淡煮晒干,产浙、闽、赣各省,有'草鞋底''蝴蝶尖''玉版'等名。"

随着民族工业的发展,又将竹笋加工成笋罐头,1926 年浙江省宁波如生食品厂生产的"宝鼎"牌竹笋罐头(油焖笋)在美国费城赛会上获特等奖,1927 年又荣获莱比锡国际博览会金质奖。笋干和笋罐头历来为我国重要出口品之一,誉满全球,历史悠久。

1.3.2　竹笋资源概况

据统计,中国有 500 多种笋用竹,可直接食用的有 200 多种,品质优良笋用竹有 30 余种(余学军等,2012)。2011 年,我国年竹笋加工量为 166 万 t,其中福建省产量 692157 t,占全国的 41.70%,其次是云南、浙江、安徽、四川、重庆等(国家林业局,2014)。

据研究,福建省经济竹种有 19 个属近 200 种,主要竹种为毛竹,毛竹林面积约占全国毛竹林面积的 1/3(林美如,2019)。全省竹林面积和立竹度居全国首位,竹材、笋等主要林产品产量均居全国前列。顺昌、建瓯、武夷山、永安、沙县、尤溪等被国家林业局评为"中国竹子之乡"。2016 年福建省竹林面积达 108.2 万 hm²(其中毛竹林面积 100.3 万 hm²),约占全国竹林面积的 1/3,居全国首位;年产竹材 7.47 亿根(其中毛竹 4.87 亿根)、鲜笋 176.8 万 t。尽管福建笋用竹竹种资源丰富,市场需求旺盛,但竹笋供给相对匮乏,自然供笋季节性明显,供给品种相对单一。竹笋生产,闽北地区以毛竹为主,闽南地区以绿竹、麻竹为主。福建省毛竹、绿竹、麻竹产量高、面积大(表 1-1),竹子笋材加工多以毛竹为主。其中闽南地区绿竹、麻竹多为本区域生产,毛竹笋除自产一部分外,多为外来的(闽北及江浙一带),毛竹笋供应占据市场的"半壁江山",供应量大(陈松河等,2015)。

表 1-1　福建省各地区竹资源统计

序号	行政区	毛竹(亩)	绿竹(亩)	麻竹(亩)	其他(亩)	小计(亩)	小计(公顷)
1	厦门市	4376	186	263	1840	6665	444.3
2	漳州市	399201	79866	390164	61975	931206	62080.4
3	泉州市	419919	681	21816	18233	460649	30709.9
4	福州市	566624	5679	32398	119132	723833	48255.5
5	龙岩市	2906700	10914	3265	50847	2971726	198115.1
6	南平市	6011516	15949	125	106057	6133647	408909.8
7	宁德市	807133	52752	2478	176235	1038598	69239.9
8	莆田市	173691	115	1836	14789	190431	12695.4
9	三明市	3584220	12367	8993	99934	3705514	247034.3
合计(亩)		14873380	178509	461338	649042	16162269	1077484.6
合计(公顷)		991558.7	11900.6	30755.9	43269.5	1077484.6	1077484.6

注:根据 2008 年福建省森林资源二类调查材料。

第 2 章 笋用竹竹笋特性

竹林是森林资源的重要组成部分,被称为"第二森林",其笋可食,其材可用,而且具有良好的观赏价值。竹笋味道鲜美,营养丰富,是绿色健康的食品。笋用竹林的开发利用已经越来越受到人们的重视。笋用竹竹笋的特性包括生物学特性和生态学特性,本章着重介绍竹笋的笋期生长规律、竹笋营养成分(包括竹笋含水量以及灰分、维生素C、蛋白质、脂肪、粗纤维、氨基酸等含量)、笋味和推广应用情况等。

2.1 研究地、试验地概况及研究的竹种

2.1.1 研究地概况

福建省位于亚洲大陆的东南边缘,地处东经 $115°50'\sim120°30'$,北纬 $23°33'\sim28°19'$,东隔台湾海峡,北邻浙江省,西界江西省,南与广东省接壤,处于中低纬度,濒临东海,属亚热带海洋性季风气候,热量和水分资源丰富;该省除中低山外,年均气温多在 $17\sim22$ ℃,最热月均温为 28 ℃左右,最冷月均温为 $6\sim13$ ℃ ,各月的相对湿度为 $75\%\sim85\%$,年降水量 $1100\sim2000$ mm,是全国多雨区之一。该省地势高低起伏,高山丘陵绵延,河谷盆地交错,西北部有武夷山系,中部有戴云山系,高山众多,气候温凉,雨量充沛,可基本满足竹类生长所需的环境条件,是竹类生长的较适宜区。由于太姥山、鹫峰山、戴云山和博平岭山系东北向西南所构成的天然屏障,使该省分隔为东南沿海和西北 2 个截然不同的气候型,形成了该省 2 个明显的地带,相应出现了 2 种不同的地带性植被,即南亚热带雨林和中亚热带照叶林,前者是从热带

雨林至照叶林的过渡类型;后者是典型的亚热带常绿阔叶林,这些都是气候顶级群落(林益明,2001)。

　　闽南地区指福建省东南部的厦门、泉州、漳州、龙岩市新罗区和漳平等地区,其中,新罗区和漳平市虽行政区划与闽西有较大关联,但地理位置、血统、语言、文化、风俗都属于闽南,并且在历史上龙岩新罗区和漳平隶属于漳州市管辖。因此狭义上所指的闽南仅指厦门—泉州—漳州—龙岩新罗区和漳平。闽南地区在地理位置上北接福州莆田,南与广东潮汕地区相连,西与原汀州府界交界。闽南地区属江南丘陵的一部分,以低山丘陵地形为主,海拔在 100～500 m。闽南地区西北有博平岭山脉,北部有戴云山山脉,东北有鹫峰山脉,形成本区的天然屏障。整体山带两坡不对称:西坡较陡,多断崖;东坡较缓,层状地貌较发育。山地中有许多山间盆地。滨海平原多为晋江、九龙江、汀江下游,河口冲积海积平原,这些平原面积不大,且为丘陵所分割,呈不连续状。沙质土壤,红土台地,呈现碱性。年平均气温为 20～21 ℃,无积雪现象,无霜期达 330 d 以上,年日照 2000～2300 h,年积温 7701.5 ℃。年平均降水量 1400～2000 mm,雨季集中在 3—6 月,相对湿度 80% 以上。年平均风力二级。闽南每年 6—9 月常有台风来袭,最大风力达 12 级以上,台风常带来暴雨或大暴雨,造成洪涝灾害。但在高温季节,台风也有助于降低气温和解除干旱现象。南亚热带季风湿润型气候,雨热同期,全年雨水偏少,气温较高,年温差较小,适合农作物生长,分布的竹类植物以丛生竹为主,散生竹较少。植被为亚热带常绿阔叶林。纬度低,太阳高度角小,四季湿润,日照充足。

　　本项目研究以闽南地区为重点,试验地设三个点,分别是厦门市园林植物园、华安竹种园和闽侯青芳竹种园。

2.1.2　试验地概况

（一）厦门市园林植物园

厦门市园林植物园(简称厦门植物园,亦称厦门万石植物园)位于厦门岛东南隅,东经 117°53′～118°15′,北纬 24°23′～24°46′,总面积 493 km²,属于亚热带海洋性季风气候,冬无严寒,夏无酷暑,年平均气温约 20.9 ℃,植物生长季节长达 365 d,降水量 1055.5 mm,雨季集中于 4—9 月,平均相对湿度为 79%,土壤肥力中等(厦门市地理学会,1995)。厦门地处闽粤沿海植被区,地带性植被属于亚热带雨林及一些海滨植物。自 1960 年建园以来,厦门植物园一直致力于植物种质资源的引种与保育,据统计,至 2018 年年底,园区引种栽培的热带亚热带植物达 8000 余种(含品种、变种、变型，下同），隶属于 268 科，1667 属。

（二）华安竹种园

华安竹种园（亦称华安竹类植物园）位于福建省漳州市华安县华丰镇九龙平湖北侧的龟仔垅山，东经 117°30′，北纬 25°线贯穿全境，四季温暖多雨，为中、南亚热带气候过渡带。年平均降水 1800～2023 mm，年平均气温 20.1 ℃，1 月平均温度 12.2 ℃，绝对最低温－3.8 ℃，年积温 7320.6 ℃，土壤为山地红壤，pH 为 5.5～6.5，土层厚度一般大于 1 m，海拔 114～280 m，坡度 23°，坡向朝南，地形为北高南低、四周高中间低的一个小流域面，间有常年流水的小溪，小地形多变，自然条件适宜我国自然分布的 70% 以上竹种生长，是散生型和丛生型竹种生长繁育的理想之地（邹跃国，2006）。

该园于 1992 年 11 月建园，全园面积约 667000 m²，分成竹种分类区、观赏竹种区（种植 22 种珍贵观赏竹种）、优良经济竹种生产区（种植毛竹、麻竹、高节竹、早园竹、红竹等 280140 m²）、珍稀竹种引种区（先后从日本、印度、泰国、缅甸、厄瓜多尔、马来西亚、哥伦比亚及我国的浙江、广东、广西、云南 10 等多个省区引进竹种 32 属 330 种）和纪念竹林区，共五个区。园内现有竹种 32 属 335 种。该竹种园已成为目前国内种植面积最大、竹类品种最多、属性最全、配套功能最齐的竹子基地之一，也是开展竹类科研教学、生产推广、旅游观光、休闲娱乐、学术交流和科普示范的综合性竹子基地。

（三）闽侯青芳竹种园

闽侯青芳竹种园，即闽侯青芳观赏竹园，以生产园林绿化用观赏竹为主。生产的主要观赏竹种有红竹、高节竹、毛竹、紫竹、金镶玉竹、橄榄竹、花吊丝竹、花叶唐竹、青芳竹等。闽侯青芳竹园位于北纬 25°47′～26°37′，东经 118°51′～119°25′，年降水量在 1200～2100 mm，海拔约 772 m，相对湿度 81～85°，年平均气温 14.8～19.5 ℃，极端最低气温－4 ℃，1 月平均气温 6～10.5 ℃，日照平均值 1959 h，太阳辐射值 107.3 kcal·cm⁻²，日温差 6.5～7.8 ℃。

2.1.3　研究的竹种

本项目研究的竹种共计约 17 属 128 种（含种以下分类单位，下同），其中丛生竹 7 属 73 种，分别占总数的 41.18% 和 57.03%；散生竹 5 属 43 种，分别占总数的 29.41% 和 32.81%；混生竹 5 属 14 种，分别占总数的 29.41% 和 10.94%（见表 2-1）。

表 2-1　研究竹种分类及性状组成

地下茎类型	分类群			
	属		种	
	属数	百分比/%	种数	百分比/%
合轴丛生	7	41.18	73	56.15
单轴散生	5	29.41	43	33.08
复轴混生	5	29.41	14	10.77
合计	17	100	130	100

2.2　研究方法

2.2.1　笋用竹竹笋调查研究方法

本项目通过对该区域(指福建地区,下同)竹类植物分布和生长情况等进行较系统的调查研究,通过比较分析,重点研究其笋用价值(单纯观赏型、功能型和材用、叶用型竹种仅作为参考),综合竹类植物野外自然分布和引种栽培的生长优势竹种,对100余种较适宜该地区生长竹类植物,从笋期、产量、营养、笋味及推广应用等方面进行观察及分析研究。

竹类植物笋用价值及周年供笋田间试验研究,按不同竹种的生长情况,在厦门市园林植物园、华安竹种园、闽侯青芳竹园三个实验基地的标准样地分别统计,竹林施行常规作业管理,重复调查竹种以平均长势来权衡其区域差异。

根据对该区域笋用竹类植物的详细调查,结合以往工作经验和市场信息,对100余种竹类植物(毛竹含冬笋、春笋)进行系统调查研究,通过笋期、口味、产量等指标,评价其笋用价值,优选口感鲜嫩、营养丰富的优良笋用竹种,为下一步构建该区域周年供笋模式提供科学依据。

2.2.2　笋用竹竹笋出笋期的调查方法

在试验基地内,根据多年竹子栽培经验,选择长势强健、可食率高、无病虫害的竹种。以笋尖露出地面 $1\sim2$ cm 为出笋标准,对新出土的竹笋进行标记,记录出笋日期,挂牌编号,直至成竹为止。

2.2.3 笋用竹竹笋笋味的调查方法

由试验地竹业从业人员参照国家标准和相关规范(GB/T 12312-2012)对各竹种竹笋的口味进行评定、排序,每个评定定级重复 3 次(王富华等,2012),为区分口味设置苦、中等苦、微苦、淡、微甜、甜 6 个梯度。

2.2.4 笋用竹竹笋产笋量和市场开发现状调查方法

采取实地市场走访调查统计与试验基地田间实际产量相结合的方法。对该区域主要竹笋市场销售情况进行调查,分析农户与试验基地的竹种差异和产笋量差异,摸清该区域笋用竹市场现状。

2.2.5 笋用竹笋期生长规律的研究方法

在研究地内选取立地条件相似的样地,丛生竹每竹种选取相邻的 4～5 丛竹子作为观察对象;散生(混生)竹各设定试验标准地,根据不同的立地类型每块设定 10 m×10 m 临时观察样地,样地内统计竹种,并确定研究竹种。观察记录各竹种的出笋起止时间。于 2015—2016 年笋期,每隔 4 d 观察 1 次,调查、记录各竹种的出笋、退笋数量;于出笋初期各选出 5 支竹笋,对新出土的竹笋进行标记,记录出笋日期,挂牌编号,每隔 4 d 测其高度,观察其幼竹高生长量及抽枝发叶过程和退笋情况,直至高生长停止(郑玉善等,1998;蔡纫秋,1985;金川,1998;陈松河,2001;陈松河等,2017)。

2.2.6 笋用竹竹笋营养成分的分析测定方法

于笋期在试验基地(丛生竹取样地以厦门市园林植物园为主,散生竹、混生竹取样地以华安竹种园为主)按相关标准规范取样处理,由福建省亚热带植物研究所生理生化重点实验室进行测定。测定的竹种有 44 种,测定项目有含水量、蛋白质、粗纤维、灰分、维生素 C、氨基酸等(杨月欣等,2002;刘力等,2005;陈松河等,2016;陈松河等,2018)。

(一)含水量

用常压干燥法测定含水率(GB/T 5009.3-2003)。

将磨碎或切细的样品混匀,精确称取 2 g,置于已干燥、冷却并称至恒重的有盖称量瓶中,移入 100～105 ℃烘箱中,开盖烘干 2～4 h 后取出,加盖置干燥器内,冷却

0.5 h 后称重;重复烘干 1 h,冷却 0.5 h 后称重;重复此操作,直至前后两次质量差不超过 0.002 g 即算恒重。

$$水分(\%)=[(M_1-M_2)/(M_1-M_3)]\times100\%$$

式中:M_1——蒸发皿(包括玻棒)和样品的质量(g);

M_2——蒸发皿(包括玻棒)和样品干燥后的质量(g);

M_3——蒸发皿(包括玻棒)的质量(g)。

(二)灰分含量

用灼烧法测定总灰分(GB/T 5009.4-200)。

将瓷坩埚洗净晾干后用氯化铁和蓝黑墨水的混合液在坩埚外壁和盖上编号,置于 550 ℃高温炉中灼烧 1 h,移至炉口稍冷,取出放入干燥器中冷至室温。准确称重,反复操作直至恒重,记录空坩埚的编号和质量 M_1 g。准确称取固体样品 2 g,于已恒重的坩埚中,在烘箱内或水浴加热,蒸发水分使之干燥,然后在电炉上微火小心炭化至无烟。将炭化后的样品移入 550~600 ℃高温电炉中灰化至残渣呈白色为止,需 2~3 h,如灰化不完全,可取出冷却后加数滴硝酸或 30% H_3O 或 10%硝酸铵等强氧化剂,蒸干后再移入高温炉中烧至白灰为止。灰化后取出放入干燥器中冷却,称量至恒重(前后两次质量之差不超过 0.0005 g),记录灰分加坩埚量 M_2 g。

$$总灰分(\%)=[(M_2-M_1)\times100]/M$$

式中:M——样品的质量(g);

M_1——坩埚的质量(g);

M_2——灰分和坩埚的质量(g)。

(三)维生素 C 含量

用紫外分光光度法测定维生素 C 的含量(mg/100g)(GB/T 5009.86-2003)。

称取 100 g 鲜笋样,加 100 mL 偏磷酸-乙酸溶液,倒入捣碎机内打成匀浆,用百里酚蓝指示剂调试匀浆酸碱度,使其 pH 为 1.2。匀浆的取量需根据试样中抗坏血酸的含量而定。当试样液含量在 40~100 μg/mL,一般取 20 g 匀浆,用偏磷酸-乙酸溶液稀释至 100 mL,过滤,滤液备用。

(1)氧化处理:分别取试样滤液和标准使用液(100 μg/mL)各 100 mL 于 200 mL 带盖三角瓶中,加 2 g 活性炭,用力振摇 1 min,过滤,弃去最初数毫升滤液,分别收集其余全部滤液,即试样氧化液和标准氧化液,待测定。

(2)各取 10 mL 标准氧化液与 2 个 100 mL 容量瓶中,分别标明"标准"及"标准空白"。

（3）各取 10 mL 试样氧化液与 2 个 100 mL 容量瓶中，分别标明"试样"及"试样空白"。

（4）于"标准空白"及"试样空白"溶液中各加 5 mL 硼酸-乙酸钠溶液，混合摇动 15 min，用水稀释至 100 mL，在 4 ℃冰箱放置 2～3 h，取出备用。

（5）于"试样"及"标准"溶液中各加入 5 mL 500 g/L 乙酸钠溶液，用水稀释至 100 mL 备用。

荧光反应：取"标准空白"溶液、"试样空白"溶液及（5）中"试样"溶液各 2 mL，分别置于 10 mL 带盖试管中。在暗室迅速向各管中加入 5 mL 邻苯二胺溶液，振摇混合，在室温下反应 35 min，于激发光波长 338 nm、发射光波长 420 nm 处测定荧光强度。标准系列荧光强度分别减去标准空白荧光强度为纵坐标，对应的抗坏血酸含量为横坐标，绘制标准曲线或进行相关计算，其之间回归方程供计算使用。

$$X = \{[c \times (V/m)] \times F \times 100\}/1000$$

式中：X——试样中抗坏血酸及脱氢抗坏血酸总含量，单位为毫克每百克（mg/100g）；

　　　c——由标准曲线查得或由回归方程算得试样溶液浓度，单位为微克每毫升（μg/mL）；

　　　m——试样的质量，单位为克（g）；

　　　V——荧光反应所用试样体积，单位为毫升（mL）；

　　　F——试样溶液的稀释倍数。

计算结果表示到小数点后一位。

（四）蛋白质含量

用凯氏半微量法测定蛋白质的含量（GB/T 14771-1993）。

（1）消化：准确称取固体样品 0.5 g，小心移入干燥洁净的 500 mL 凯氏烧瓶中，然后加入研细的硫酸铜 0.5 g、硫酸钾 10 g 和浓硫酸 20 mL，轻轻摇匀后，将凯氏瓶以 45°角斜支于有小孔的石棉网上，小火加热，待内容物全部炭化，泡沫停止产生后，加大火力，保持瓶内液体微沸，至液体变蓝绿色透明后，再继续加热 30 min 冷却，加入 200 mL 蒸馏水，再放冷，加入玻璃珠数粒以防暴沸。

（2）蒸馏：将凯氏瓶连接在已准备好的蒸馏装置上，塞紧瓶口，冷凝管下端插入接收瓶液面下，接收瓶内盛 50 mL 2％硼酸溶液及混合指示剂 2～3 滴，放松夹子，通过漏斗倒入 80 mL 40％氢氧化钠溶液，并摇动凯氏瓶，至瓶内溶液变为深蓝色，或产生黑色沉淀，再加入 100 mL 水，夹紧夹子，加热蒸馏：至氨全部蒸出（馏液约 250 mL 即可），将冷凝管下端提出液面，用蒸馏水冲洗管口，继续蒸馏 1 min，用表面皿接几滴馏出液,以奈氏试剂检查,如无红棕色物生成,表示蒸馏完毕,即可停止加热。

（3）滴定:用 0.10 m/L 盐酸标准溶液滴定上述吸收液,至溶液由蓝色变为微红色即为终点,记录盐酸的用量 V_1 mL,同时做空白实验,测得空白实验消耗盐酸标准溶液的体积 V_2 ml。

$$蛋白质(\%) = [C \times (V_1 - V_2) \times (M_氮/1000)]/(m \times F \times 100)$$

式中: C——盐酸标准溶液的浓度(mol/L);

V_1——滴定样品溶液时消耗盐酸标准溶液的量(mL);

V_2——滴定空白溶液时消耗盐酸标准溶液的量(mL);

m——样品质量(g);

$M_氮$——氮的摩尔质量 14.01 g/mol;

F——氮换算为蛋白质的系数。

（五）粗脂肪含量

用索氏提取法测定粗脂肪的含量(GB/T 14772-2008)。

精确称取在 105 ℃烘干 2～3 h 的粉末样品 5 g,放滤纸上,折叠成滤纸包,将滤纸包放在索氏提取器的提取筒内,把提取筒与已知重量的干燥脂肪烧瓶连接。由提取器冷凝管上端加入乙醚,至接受器内的乙醚量为瓶的 2/3 体积;于水浴锅上加热,使乙醚不断的回流提取,一般抽提 6～12 h,如果乙醚挥发太多,不够回流时,可以自冷凝管上端补充乙醚。控制每 0.5 h 虹吸 5～6 次。抽提结束后取下接受器,回收乙醚,至接受瓶内乙醚仅剩 1～2 mL 时,在水浴锅上蒸干,再于 100～105 ℃干燥 2 h,取出放干燥器内冷却 30 min 后称重。

$$粗脂肪(\%) = [(M_1 - M_2) \times 100]/M$$

式中: M——样品的质量(g);

M_1——接受器和脂肪的质量(g);

M_2——接受器的质量(g)。

（六）粗纤维含量

用酸碱法测定粗纤维的含量(GB/T 05009.10-2003)。

准确称取捣碎的样品 5 g 于 500 mL 锥形瓶中,加入 200 mL 煮沸的 1.25% 硫酸溶液,连结回流冷凝管,加热至微沸,保持 30 min,避免样品附着于液面以上的瓶壁。为防止消化时起泡沫,可加石蜡数滴;取出后,立即用麻布过滤,用沸水洗涤至滤波不显酸性(用甲基红指示剂检查滤液);再用 200 mL 煮沸的 1.25% 氢氧化钠溶液冲洗滤布上的残存物至原来锥形瓶中,连接回流冷凝管,加热微沸 30 min,取下立即用麻布过滤；以沸水洗涤至酚酞指示剂不显微红色为止，移入已干燥称重的 G2 砂心漏斗中抽滤，用热水洗涤后，再依次用乙醇和乙醚洗涤 1 次，将漏斗和内容物在 105 ℃烘箱中烘至恒重为止。如果样品含有较多不溶性杂质，可用石棉坩埚过滤，烘干称重后，移入高温炉中在 550 ℃灼烧 1 h，使残留物完全灰化，待炉温降到 200 ℃以下时，将漏斗移入干燥器内，30 min 后称重。

$$粗纤维(\%)=[(a-b)\times100]/m$$

式中：a——在 105 ℃干燥后称得的质量(g)；

　　b——灼烧后称得的质量(g)；

　　m——样品的质量(g)。

（七）氨基酸含量

用日立 835-50 型氨基酸自动分析仪测定(g/100g)(GB/T 5009.124-2003)。

将笋体切割成 0.5 cm×0.5 cm×0.5 cm 的小方块，充分混匀，四分法取样，在 130 ℃±2 ℃的烘箱中杀青 10 min，用真空干燥机在 60 ℃±1 ℃的温度下烘干；将干样粉碎，过 60 目筛后，装入广口瓶，于干燥器中备用。

在水解管内加入 6 mol/L 盐酸 10～15 mL，加入新蒸馏的苯酚 3～4 滴，再将水解管放入冷冻剂中，冷冻 3～5 min，再接到真空泵的抽气管上，抽真空(接近 0 Pa)，然后充入高纯氮气；再抽真空充氮气，重复三次后，在充氮气状态下封口或拧紧螺丝盖，将已封口的水解管放在 110 ℃±1 ℃恒温箱中，水解 22 h 后，取出冷却。

打开水解管，将水解液过滤后，用去离子水多次冲洗水解管，将水解液全部转移到 50 mL 容量瓶内，用去离子水定容。吸取滤液 1 mL 于 5 mL 容量瓶内，用真空干燥器在 40～50 ℃ 干燥，残留物用 1～2 mL 水溶解，再次干燥，反复进行两次，最后蒸干，用 1 mL pH 为 2.2 的柠檬酸钠缓冲液溶解，离心分离后进行检测。

准确吸取 0.200 mL 混合氨基酸标准液，用 pH 为 2.2 的柠檬酸钠缓冲液溶解稀释到 5 mL，此标准稀释液浓度为 5.00 nmol/50 μL，作为上机测定用的氨基酸标准，全自动氨基酸分析仪用外标法，根据色谱图计算出笋样中蛋白质水解后各种氨基酸的含量。

$$X=\{[c\times(1/50)\times F\times V\times M]/(m\times10^9)\}\times100$$

式中：X——试样氨基酸的含量，单位为克每百克(g/100g)；

　　c——试样测定液中氨基酸含量，单位为纳摩尔每 50 微升(nmol/50μL)；

　　F——试样稀释倍数；

　　V——水解后试样定容体积，单位为毫升(mL)；

M——氨基酸分子量；

m——试样质量，单位为克(g)；

1/50——折算成每毫升试样测定的氨基酸含量，单位为微摩尔每升(μmol/L)；

10^9——将试样含量有纳克(ng)折算成克(g)的系数。

2.2.7 周年供笋模式的研究方法

从该区域自然地理气候条件、笋用竹食用习惯、市场潜力等方面入手，通过调查该区域适生笋用竹的出笋期、笋味、营养成分、市场应用情况及产量等，筛选出优质高产、具有推广开发价值、全年笋期能够良好衔接的笋用竹种，构建该区域周年供笋模式。为增加试验结果的准确性和可操作性，试验地以厦门植物园、华安竹种园和闽侯青芳竹种园为主，并初步探索总结不同类型竹种的栽培技术措施及配套生产的方法。

2.2.8 统计分析方法

各项指标均测定 3 次以上(含 3 次)重复，取其平均值。试验调查数据在 Excel 软件中进行整理，笋用竹生长模型的建立采用 SPSS22.0 软件进行数据处理和分析。

2.3 结果与分析

2.3.1 笋用竹竹种调查研究

本研究结合历年经验及市场实际应用情况，重点于 2016 年出笋期以华安竹种园和厦门植物园为主要试验基地，对 100 余种竹子的出笋期、笋味、应用情况及推广前景等进行系统调查研究(见表 2-2)。

表 2-2　笋用竹笋期及应用的综合调查研究

序号	属名	竹种中名	拉丁学名	出笋初期	出笋末期	笋味	应用情况	推广前景	产量（kg/hm²）	备注
1	牡竹属	云南龙竹	*Dendrocalamus yunnanicus*	6月20日	9月25日	甜	目前无利用	好		
2		小叶龙竹	*Dendrocalamus barldatus*	6月27日	9月25日	苦	目前无利用	差		
3		麻版1号	*Dendrocalamus latiflorus×x Dendrocalamus hamiltonii* No. 1	6月30日	9月25日	甜	目前无利用	中		
4		龙竹	*Dendrocalamus giganteus*	6月28日	9月25日	苦	目前无利用	中		
5		清甜竹	*Dendrocalamus sapidus*	7月1日	9月25日	甜	目前无利用	中		
6		梁山慈竹	*Dendrocalamus farinosus*	6月29日	10月7日	微甜	目前无利用	中		
7		苏麻竹	*Dendrocalamus brandisii*	6月27日	8月30日	苦	目前无利用	中		
8		马来麻竹	*Dendrocalamus asper*	6月27日	8月30日	苦	目前无利用	中		
9		黄竹	*Dendrocalamus membranaceus*	7月1日	8月30日	微苦	目前无利用	差		
10		花吊丝竹	*Dendrocalamus minor* var. *amoenus*	6月26日	9月25日	微甜	目前无利用	中		
11		麻竹	*Dendrocalamus latiflorus*	7月1日	10月7日	甜	市场有售，2～5元/500克	好	15000～22500～45000	
12		美浓麻竹	*Dendrocalamus latiflorus* 'Mei-nung'	6月24日	9月29日	甜	目前无利用	好		
13		歪脚龙竹	*Dendrocalamus sinicus*	7月1日	8月30日	苦	目前无利用	中		
14		马来甜龙竹	*Dendrocalamus aspera*	6月28日	9月25日	微苦	目前无利用	中		
15		版纳甜龙竹	*Dendrocalamus hamiltonii*	7月1日	8月30日	微甜	目前无利用	中		
16		勃氏甜龙竹	*Dendrocalamus brandisii*	6月20日	9月25日	甜	市场有售，5～10元/500克	好		
17	绿竹属	吊丝单竹	*Dendrocalamopsis variostriata*	6月8日	10月7日	甜	目前无利用	好	11250～15000～22500	

续表

序号	属名	竹种中名	拉丁学名	出笋初期	出笋末期	笋味	应用情况	推广前景	产量（kg/hm²）	备注
18	绿竹属	大头典竹	*Dendrocalamopsis beecheyana* var. *pubescens*	6 月 18 日	9 月 25 日	苦	目前无利用	中		
19		绿竹	*Dendrocalamopsis oldhami*	6 月 30 日	8 月 30 日	甜	市场有售，5～12 元/500 克	好	7500～9000～15000	
20		黄麻竹	*Dendrocalamopsis stenoaurita*	6 月 29 日	9 月 25 日	微苦	目前无利用	中		
21		白绿竹	*Dendrocalamopsis oldhami* sp.	6 月 28 日	9 月 25 日	甜	目前无利用	好		
22		苦绿竹	*Dendrocalamopsis basihirsuta*	7 月 1 日	9 月 25 日	甜	目前无利用	中		
23		大绿竹	*Dendrocalamopsis daii*	6 月 3 日	9 月 25 日	中等苦	目前无利用	中		
24		壮绿竹	*Dendrocalamopsis validus*	6 月 28 日	8 月 30 日	苦	目前无利用	差		
25	簕竹属	银丝大眼竹	*Bambusa eutuldoides* var. *basistrata*	6 月 9 日	10 月 7 日	微苦	目前无利用	差		
26		撑篙竹	*Bambusa pervariabilis*	6 月 8 日	10 月 7 日	淡	目前无利用	差		
27		大眼竹	*Bambusa eutuldoides*	6 月 27 日	10 月 7 日	微苦	目前无利用	差		
28		锦竹	*Bambusa subaequalis*	6 月 10 日	8 月 19 日	中等苦	目前无利用	差		
29		撑版1号竹	*Bambusa pervariabilis* × *Dendrocalamus hamiltonii* No.1	7 月 2 日	9 月 25 日	甜	目前无利用	中		
30		东兴黄竹	*Bambusa corniculata*	7 月 2 日	9 月 25 日	苦	目前无利用	差		
31		吊丝球竹	*Bambusa beechyana*	6 月 8 日	7 月 26 日	甜	目前无利用	中		
32		花眉竹	*Bambusa longispiculata*	6 月 26 日	8 月 19 日	微苦	目前无利用	差		
33		烂目竹	*Bambusa dissmilis*	6 月 25 日	8 月 30 日	中等苦	目前无利用	差		
34		霞山坭竹	*Bambusa xiashanensis*	7 月 1 日	9 月 25 日	苦	目前无利用	差		
35		青竿竹	*Bambusa tuldoides*	7 月 1 日	9 月 25 日	中等苦	目前无利用	差		

续表

序号	属名	竹种中名	拉丁学名	出笋初期	出笋末期	笋味	应用情况	推广前景	产量（kg/hm²）	备注
36		坭竹	*Bambusa gibba*	6 月 27 日	9 月 25 日	中等苦	目前无利用	差		
37		龙头竹	*Bambusa vulgaris*	7 月 1 日	9 月 25 日	苦	目前无利用	差		
38		牛儿竹	*Bambusa prominens*	6 月 20 日	9 月 25 日	中等苦	目前无利用	差		
39		木竹	*Bambusa rutila*	5 月 20 日	9 月 25 日	中等苦	目前无利用	差		
40		青皮竹	*Bambusa textilis*	6 月 20 日	10 月 7 日	微甜	目前无利用	中	15000～45000	
41		撑麻 7 号	*Bambusa pervariabilis*× *D. latiflorus*	6 月 25 日	9 月 25 日	淡	目前无利用	中		
42	箣竹属	青麻11 号	*Bambusa texilis*× *D. latiflorus*	6 月 22 日	9 月 25 日	微苦	目前无利用	差		
43		撑绿竹	*Bambusa pervariabilis*× *D. daii*	6 月 18 日	10 月 7 日	微苦	目前无利用	差		
44		撑麻青竹	*B. textilis* × *D. latiflorus* × *B. pervariabilis*	6 月 28 日	9 月 25 日	微苦	目前无利用	差		
45		青丝黄竹	*Bambusa eutuldoides* 'Viridi-vittata'	6 月 26 日	10 月 7 日	微甜	目前无利用	差		
46		米筛竹	*Bambusa pachinensis*	6 月 28 日	9 月 25 日	苦	目前无利用	差		
47		长毛米筛竹	*Bambusa pachinensis* var. *hirsutissima*	6 月 24 日	9 月 22 日	苦	目前无利用	差		
48		疖节竹	*Bambusa fujianensis*	6 月 25 日	9 月 20 日	苦	市场有售，2～3 元/500 克	差		
49	泰竹属	大泰竹	*Thyrsostachys oliveri*	7 月 6 日	9 月 25 日	微甜	目前无利用	中		
50		木亶竹（大木竹）	*Bambusa wenchouesis*	6 月 15 日	9 月 25 日	微苦	目前无利用	中		
51	单竹属	油竹	*Bambusa surrecta*	6 月 28 日	9 月 25 日	苦	目前无利用	差		
52		绵竹	*Bambusa intermedia*	6 月 5 日	9 月 25 日	微苦	目前无利用	差		
53		粉单竹	*Bambusa chungii*	7 月 1 日	9 月 25 日	苦	目前无利用	差		

续表

序号	属名	竹种中名	拉丁学名	出笋初期	出笋末期	笋味	应用情况	推广前景	产量（kg/hm²）	备注
54	巨竹属	毛麻竹	*Gigantochloa* sp.	7月2日	9月25日	苦	目前无利用	差		
55		毛笋竹	*Gigantochloa levis*	7月25日	9月25日	苦	目前无利用	中		
56		阿帕斯竹	*Gigantochloa apus*	7月1日	9月25日	苦	目前无利用	差		
57		花巨竹	*Gigantochloa verticillata*	7月1日	9月25日	微苦	目前无利用	中		
58	慈竹属	金丝慈竹	*Neosinocalamus affinis* 'viridiflavus'	6月20日	9月18日	苦	目前无利用	差		
59		慈竹	*Neosinocalamus affinis*	6月17日	9月16日	苦	目前无利用	差		
60	酸竹属	福建酸竹	*Acidoasa longiligula*	3月19日	5月2日	微甜	市场有售，5～10元/500克	好		
61		黄甜竹	*Acidoasa edulis*	3月19日	5月2日	甜	市场有售，5～10元/500克	好		
62	少穗竹属	少穗竹	*Oligostachyum sulcatum*	3月25日	5月4日	苦	目前无利用	中		
63	短穗竹属	短穗竹	*Brachystachyum densiflorum*	3月19日	5月2日	淡	目前无利用	中		
64	业平竹属	业平竹	*Semiarundinaria fastuosa*	3月19日	5月2日	淡	目前无利用	中		
65		中华业平竹	*Semiarundinaria sinica*	3月19日	5月2日	淡	目前无利用	中		
66	四季竹属	四季竹	*Oligostachyum lubricum*	4月10日	10月8日	微苦	目前无利用	中		
67	茶秆竹属	茶秆竹	*Pseudoasa amabilis*	3月17日	4月30日	苦	目前无利用	差		
68		薄箨茶秆竹	*Pseudoasa amabilis* var. *convexa*	3月19日	5月2日	苦	目前无利用	差		
69	刚竹属	毛竹	*Phyllostachys heterocycla* 'Pubescens'		3月18日	淡	市场有售，8～15元/500克	中	750～1500～3750	冬笋
70		毛竹	*Phyllostachys heterocycla* 'Pubescens'	3月19日	4月29日	淡	市场有售，5～10元/500克	中	7500～15000～37500	春笋

续表

序号	属名	竹种中名	拉丁学名	出笋初期	出笋末期	笋味	应用情况	推广前景	产量（kg/hm²）	备注
71	刚竹属	花毛竹	*Phyllostachys heterocycla* 'Tao Kiang'	3月19日	4月29日	淡	目前无利用	差		
72		黄槽毛竹	*Phyllostachys heterocycla* 'Luteosulcata'	3月19日	4月29日	淡	目前无利用	差		
73		绿槽毛竹	*Phyllostachys heterocycla* cv. 'Viridisulcata'	3月19日	4月29日	淡	目前无利用	中		
74		高节竹	*Phyllostachys prominens*	3月22日	4月26日	微甜	市场有售，5～10元/500克	好	15000～22500～45000	
75		红哺鸡竹	*Phyllostachys glabrata*	3月13日	4月28日	微甜	市场有售，5～10元/500克	好	7500～11250～22500	
76		乌哺鸡竹	*Phyllostachys vivax*	3月27日	4月28日	微甜	目前无利用	好	7500～11250～15000	
77		花哺鸡竹	*Phyllostachys glabrata*	3月25日	4月28日	微甜	目前无利用	好	7500～11250～15000	
78		白哺鸡竹	*Phyllostachys dulcis*	3月27日	4月28日	甜	目前无利用	好	7500～15000～25000	
79		角竹	*Phyllostachys fimbriligula*	4月26日	6月8日	淡	市场有售，5～10元/500克	中	15000～22500～37500	
80		早园竹	*Phyllostachys propinqua*	3月28日	4月12日	微甜	市场有售，5～10元/500克	中	15000～22500～37500	
81		淡竹	*Phyllostachys glauca*	3月23日	4月28日	淡	市场有售，5～10元/500克	中	6000～7500～11250	
82		石竹	*Phyllostachys nuda*	4月25日	5月18日	淡	市场有售，5～10元/500克	中	2250～3000～7500	
83		紫竹	*Phyllostachys nigra*	4月15日	5月10日	淡	市场有售，5～10元/500克	中	2250～3000～7500	

续表

序号	属名	竹种中名	拉丁学名	出笋初期	出笋末期	笋味	应用情况	推广前景	产量（kg/hm²）	备注
84		篌竹	*Phyllostachys nidularia*	4月25日	5月16日	微甜	市场有售，5～10元/500克	中	2250～3000～7500	
85		耶儿竹	*Phyllostachys dioxide* sp. nov.	4月5日	5月29日	微甜	市场有售，5～10元/500克	中	1500～2250～3750	
86		乌芽竹	*Phyllostachys atrovaginata*	3月21日	5月2日	微甜	目前无利用	中		
87		毛金竹	*Phyllostachys nigra* var. *henonis*	3月22日	5月3日	微甜	市场有售，5～10元/500克	好		
88		安吉水胖竹	*Phyllostachys concava*	3月22日	5月2日	淡	目前无利用	差		
89		水竹	*Phyllostachys hetericlada*	3月28日	5月2日	淡	目前无利用	差		
90		人面竹	*Phyllostachys aurea*	4月28日	5月15日	淡	目前无利用	中		
91		河竹	*Phyllostachys rivalis*	3月25日	5月2日	淡	竹农自食	差		
92	刚竹属	安吉金竹	*Phyllostachys parvifolia*	3月24日	5月2日	淡	目前无利用	中		
93		浙江淡竹	*Phyllostachys meyeri*	3月23日	5月1日	淡涩	目前无利用	中		
94		雷竹	*Phyllostachys praecox* 'Prevernnalis'	1月1日	2月1日	微甜	市场有售，8～15元/500克	好		需要覆盖栽培
95		雷竹	*Phyllostachys praecox* 'Prevernnalis'	2月2日	3月20日	微甜	市场有售，5～10元/500克	好	11250～15000～45000	
96		金竹	*Phyllostachys sulphurea*	5月22日	6月18日	微苦	市场有售	中	7500～11250～15000	
97		刚竹	*Phyllostachys sulphurea* 'Viridis'	5月1日	6月6日	微苦	市场有售，5～10元/500克	中		
98		早竹	*Phyllostachys* 'Praecox'	3月12日	5月2日	微苦	市场有售，5～10元/500克	中	7500～11250～15000	
99		台湾桂竹	*Phyllostachys makinoi*	5月1日	6月6日	淡	市场有售，5～10元/500克	好		

续表

序号	属名	竹种中名	拉丁学名	出笋初期	出笋末期	笋味	应用情况	推广前景	产量（kg/hm²）	备注
100		桂竹	*Phyllostachys bambusoides*	3月20日	5月1日	微涩	市场有售，5～10元/500克	中	7500～11250～15000	
101	刚竹属	斑竹	*Phyllostachys bambussoides* 'Tanakae'	3月28日	5月2日	淡	目前无利用	中		
102		黄槽竹	*Phyllostachys aureosulcata*	4月20日	5月5日	淡	目前无利用	中		
103		实心苦竹	*Pleioblastus solidus*	4月26日	5月29日	苦	目前无利用	差		
104		杭州苦竹	*Pleioblastus amarus* var. *hangzhouensis*	4月24日	5月27日	苦	目前无利用	差		
105	苦竹属	斑苦竹	*Pleioblastus maculatus*	4月20日	5月26日	苦	目前无利用	中		
106		硬头苦竹	*Pleioblastus longifimbriatus*	5月3日	5月29日	苦	目前无利用	差		
107		秋竹（油苦竹）	*Pleioblastus oleosus*	5月1日	5月30日	苦	目前无利用	差		
108		长叶苦竹	*Pleioblastus chino*	5月1日	5月30日	苦	目前无利用	差		
109		算盘竹	*Indosasa glabrata*	3月24日	4月25日	微甜	目前无利用	中		
110	大节竹属	摆竹	*Indosasa shibataeoides*	2月1日	3月2日	苦	目前无利用	中		
111		橄榄竹（江南竹）	*Indosasa gigantea*	3月13日	5月2日	苦	目前无利用	中		

注：1.笋味分苦、中等苦、微苦、淡、甜、微甜六个梯度；2.应用情况分市场有售（单价参照厦门零售市场价）、竹农自食和目前无利用三种；3.推广前景分好、中、差三种，好、中为具有笋用开发价值，差为不具笋用开发价值；4.产量栏中：如"15000～22500～45000"中第1～2个数据"15000～22500"为一般情况（指的是适宜条件，下同）下每公顷的产量，第3个数据"45000"指的是最高可达的产量。其余类同。

（一）笋用竹出笋期情况

通过对100余种竹类植物（其中毛竹分为冬笋、春笋两种；雷竹分覆盖栽培和无覆盖栽培两种）笋期生长情况的调查（表2-2）可见，除毛竹冬笋外，出笋最早的竹种是雷竹（需要覆盖栽培），笋期自元旦始到2月上旬结束；2月萌笋的有两个竹种，分别为摆竹和早竹,笋期持续到 3 月上、中旬;从 3 月份开始,随着该地区气温的回暖,竹类植物开始集中发笋,3 月中、下旬,有 31 种竹子开始出笋,均为散生、混生竹,其中散生竹主要是刚竹属竹种,占比 80.65%;4 月出笋的竹种数量下降至 11 种竹种,散生、混生竹种的比例为 7∶4,仍无丛生竹竹种发笋,且发笋时间除四季竹和紫竹为 4 月中旬发笋外,其余 9 种竹种集中在 4 月下旬发笋;5 月出笋的竹种较少,出笋期均较短,笋味较差,多数持续到 5 月下旬,其中刚竹和台湾桂竹持续出笋至 6 月上旬,再者 1—4 月出笋竹种的持续期,除四季竹和角竹等少数竹种外,很难持续到 6 月,可见 5 月为该地区周年供笋的转换期;6 月为一年中竹类植物发笋的第二个高峰期,有 41 种竹种出笋,均为丛生竹竹种,出笋历时较长,但多集中在 6 月下旬出笋,占本月发笋竹种的 75%;在 7 月间有 17 种竹种出笋,均为丛生竹,除毛笋竹在下旬出笋外,其余竹种均在上旬便已出笋,多数竹种发笋期将持续到 10 月上旬。自此,在该地区气温较高的 8 月,所有调查竹种均已发笋,并在发笋持续中,直到环境温湿度均较低的 10 月中下旬到 11 月。

(二)笋用竹竹笋笋味指标评定情况

笋味在本研究设定的 6 个梯度(表 2-2)中,经过感官评定人员的评定,分别为味苦笋竹种 31 种,占比 27.93%;笋味中等苦 7 种,占比 6.31%;笋味微苦 16 种,占比 14.41%;笋味淡 22 种,占比 19.82%;微甜 19 种,占比 17.12%;甜 14 种,占比 12.61%;另外,刚竹属的桂竹和浙江淡竹笋味微涩,可能是其笋内单宁等物质含量较高所致。

苦味笋种占比最高,牡竹属和簕竹属的竹笋因调查品种较多而占比较小,而混生竹种的茶秆竹属、苦竹属和大节竹属则占比较多,甚至整属供试竹笋均味苦。丛生竹种中单竹属和巨竹属竹笋苦味占比较高,慈竹属 2 种均笋味苦。少穗竹为少穗竹属中唯一供试竹种,且为散生竹种中唯一笋味苦竹种。簕竹属调查笋种 24 种,其中含苦味笋种有 19 种,撑麻 7 号与父本撑篙竹笋味为淡味。短穗竹属和业平竹属的调查笋种笋味较淡。泰竹属和酸竹属的供试竹种笋味微甜。笋味微甜与甜的笋种以牡竹属、绿竹属和刚竹属占比较高,且市售笋种较为集中。

(三)综合评定

在出笋期调查的 111 竹种(表 2-2)中,市场反馈的在售笋用竹为 24 种(其中含毛竹春笋、冬笋计 2 种),仅占研究竹种的 21.62%。茶秆竹属 2 个种竹子笋味较苦,口感不佳,不考虑作为笋用竹推广。慈竹属竹笋的食用条件同样在对比分析中表现不佳,不建议考虑作为笋用竹推广。簕竹属中 20 种竹子,即银丝大眼竹、撑篙竹、大眼

竹、锦竹、东兴黄竹、烂目竹、霞山坭竹、青竿竹、坭竹、龙头竹、牛儿竹、木竹、青麻 11
号、撑绿竹、撑麻青竹、青丝黄竹、米筛竹、长毛米筛竹、有节竹；单竹属中 3 种竹子，
即油竹、绵竹、粉单竹；苦竹属中 5 种竹子，即实心苦竹、杭州苦竹、硬头苦竹、秋竹、
长叶苦竹；占本属调查竹种比例较高，因可食率、笋味等调查指标水平较低，且出笋
期多集中在 5—10 月，其他竹笋的可替代性较强，不建议作为该地区笋用竹推广竹
种。而大节竹属竹种经调查，在该地区出笋期为 2—5 月，笋味从微甜到苦，可食率
高，可作为周年供笋的推广竹种。刚竹属竹笋是该地区市售笋用竹普及最为广泛的
竹种，除花毛竹、黄槽毛竹、安吉水胖竹、水竹和河竹 5 种竹种外，均适宜作为周年供
笋竹种，本属中已实现市场供给的竹种占供试竹种的 56%。牡竹属和绿竹属竹种的
笋用竹开发潜力较大，其出笋期较长、多为夏秋季节、笋味集中在微甜至甜的等级。

2.3.2　笋用竹竹笋笋期生长规律的研究

植物生长是植物形态建成的基础。植物学家早就注意研究植物生长现象，并对
植物生长给予了一些定义：植物烘干重量的增加，细胞原生质的复制，细胞的增殖，
植物体积永久性的增加等。J. Sachs 在 19 世纪曾进行生长测定，发现体积对时间所
作的曲线呈"S"形。

竹类植物群体（竹林）和个体的各器官（秆、枝、叶、鞭根、芽等）都存在体积生长
和重量生长。体积生长和重量生长于时间的关系，均表现为"慢—快—慢"的过程，
即"S"形曲线。竹类植物高度、粗度生长成为秆形生长，即体积生长；竹类植物干物
质重量生长称为材性生长，即重量生长。

竹类植物的生长过程是以体内贮存的物质为基础，称基础物质，当生长进行时，
新细胞、原生质和生长素增加，吸收体外补充物质增加，生长量也就增加，经过一段
时间后，基础物质增加有限，生长速度就逐渐下降。最后，基础物质耗尽，生长停止。
竹类植物中三种地下茎类型的竹种生长节律虽有不同，但都遵循"慢—快—慢"的生
长过程。

本研究意在通过对竹类植物的生长时间与生长量变量之间非线性的因果关系，
用回归分析等数学模型对笋期——幼竹生长的进行拟合，分析不同竹种的地区生长
差异性，探讨适宜笋用竹栽培及采收的最佳时机，以利栽培管理及竹笋品质的提升，
使之更切合市场对笋用竹需要。

曲线回归分析（curve estimation）是一种处理非线性问题的分析方法，适用于模
型只有一个自变量，且可以简化为线性形式的情形。基本过程是先将因变量或者自
变量进行变量转换，然后对新变量进行直线回归，最后将新变量还原为原变量，得出

变量之间的非线性关系(杨维忠等,2011)。

本研究采用系统聚类分析,将每一竹种的 5 日生长量样本看作一类,通过逐渐合并,直至合并为一个大类。聚类分析是多元统计分析被引入分类学中而逐渐形成的一个新的数学分支,是应用多元统计分析的原理来比较样本中各对象或各指标的性质和特征,将彼此相近的样本分在一类,而差异较大的分在不同的类。依据事物的性质和特征的相似程度来分类的方法。层次聚类是根据选定的特征来识别相对均一的变量组,使用的算法是从单独聚类中的每个变量开始对各聚类进行组合,直至剩下一个类别(夏丽华,2014)。本分析意在通过每个竹种样品的连续变量间的相关关系,提供多种高生长测量方法,进而推测样本的周年供笋模式。

考虑到丛生竹和散生竹(混生竹)出笋时间、笋期生长规律等特性差异较大,本文对 22 种笋用竹分丛生竹(11 种)和散生(混生)竹(11 种)两大类进行出笋规律、幼竹高生长节律等的研究(表 2-3)。本研究于 2016 年进行。

表 2-3　竹笋——幼竹高生长情况调查竹种

丛生竹			散生(混生)竹		
序号	竹子名称	拉丁学名	序号	竹子名称	拉丁学名
1	锦竹	*Bambusa subaequalis*	1	石竹	*Phyllostachys nuda*
2	粉单竹	*Bambusa chungii*	2	毛金竹	*Phyllostachys nigra* 'Henonis'
3	撑篙竹	*Bambusa pervariabilis*	3	绿槽毛竹	*Phyllostachys heterocycla* 'Viridisulcata'
4	崖州竹	*Bambusa textilis* var. *gracilis*	4	红哺鸡竹	*Phyllostachys glabrata*
5	花竹	*Bambusa albo-lineata*	5	高节竹	*Phyllostachys prominens*
6	青皮竹	*Bambusa textilis*	6	雷竹	*Phyllostachys praecox* 'Prevernnalis'
7	马甲竹	*Bambusa tulda*	7	人面竹	*Phyllostachys aurea*
8	苦绿竹	*Dendrocalamopsis basihirsuta*	8	少穗竹	*Oligostachyum sulcatum*
9	吊丝球竹	*Bambusa beechyana*	9	江南竹	*Indosasa gigantea*
10	麻竹	*Dendrocalamus latiflorus*	10	白哺鸡竹	*Phyllostachys dulcis*
11	绿竹	*Dendrocalamopsis oldhami*	11	花叶唐竹	*Sinobambusa tootsik* 'Luteolo-albo-striata'

（一）丛生型笋用竹笋期生长规律的研究

丛生竹一般没有横走地下的细长竹鞭,而是粗大短缩,节密,状似烟斗的竹箆(秆基和秆柄)部分。秆柄细小无根,是母竹和子竹的联系部分;秆基肥大多根,沿竹秆分枝方向,每节着生 1 个芽眼。一般分布在秆基中下部的芽眼,饱满充实,生命力强,萌发相对较早且较多,出笋肥大且成竹质量较高。

1.11 种丛生竹出笋时间及持续天数

表 2-4　11 种丛生竹出笋时间及持续的天数

序号	竹子名称	出笋初期	出笋末期	持续天数(d)
1	锦竹 *Bambusa subaequalis*	6 月 10 日	8 月 19 日	71
2	粉单竹 *Bambusa chungii*	7 月 1 日	9 月 25 日	85
3	撑篙竹 *Bambusa pervariabilis*	6 月 8 日	10 月 7 日	120
4	崖州竹 *Bambusa textilis* 'Gracilis'	7 月 5 日	10 月 7 日	94
5	花竹 *Bambusa Albo-lineata*	7 月 20 日	10 月 6 日	78
6	青皮竹 *Bambusa textilis*	6 月 20 日	10 月 7 日	107
7	马甲竹 *Bambusa tulda*	7 月 25 日	11 月 16 日	113
8	苦绿竹 *Dendrocalamopsis basihirsuta*	7 月 1 日	9 月 25 日	85
9	吊丝球竹 *Bambusa beechyana*	6 月 8 日	7 月 26 日	48
10	麻竹 *Dendrocalamus latiflorus*	7 月 1 日	10 月 7 日	98
11	绿竹 *Dendrocalamopsis oldhami*	6 月 30 日	8 月 30 日	60

丛生竹竹秆基部的芽眼夏季开始陆续萌发长成粗大的地下茎,于土中延伸一小段距离后,地下茎梢部逐渐向上立直,笋体膨大,直至破土而出,历时 1~2 个月之久。地下走茎的距离与茎粗呈正相关,麻竹、绿竹等大型丛生竹地下横茎长达 0.5 cm 左右,长出的竹秆则呈稀疏散生状。丛生竹竹笋出土后,竹秆的高生长同散生竹的竹秆生长一样,遵循"慢—快—慢"的生长节律。不同竹种高生长各个时期的历时和生长量差异较大。由表 2-4 可见,11 种丛生竹出笋时间起始于 6 月份,终止于 11 月;出笋持续天数在 48~120 天。最早出笋的是撑篙竹和吊丝球竹,均为 6 月 8 日,最迟出笋的是马甲竹(7 月 25 日);出笋持续天数最短的是绿竹,只有约 60 d,出笋持续时间最长的是撑篙竹,达 120 d。

2. 丛生型笋用竹生长数学模型拟合及聚类分析

根据对11种丛生竹竹笋—幼竹高生长情况调查(表2-5),本项目对11种丛生竹竹笋—幼竹高生长用数学模型(谢家发,2004;苏金明等,2002)进行拟合和聚类分析。

表2-5　11种丛生竹竹笋—幼竹高生长情况调查表(cm)

序号	竹子名称	日期(月/日)	7/7	7/12	7/17	7/22	7/27	8/1	8/6	8/11	8/16	8/21	8/26
1	锦竹	笋(幼竹)高	17	38	65	77	134	167	208	251	360	410	501
		五日生长量		21	27	12	57	33	41	49	109	50	89
2	粉单竹	笋(幼竹)高	22	53	87	132	177	210	256	325	505	551	602
		五日生长量		31	34	45	45	33	46	69	180	46	51
3	撑篙竹	笋(幼竹)高	15	33	45	67	110	151	207	250	310	374	427
		五日生长量		18	12	22	43	41	56	43	60	64	53
4	崖州竹	笋(幼竹)高			22	45	68	89	112	170	255	310	365
		五日生长量				23	23	21	23	58	85	55	55
5	花竹	笋(幼竹)高				13	31	70	103	140	210	247	314
		五日生长量					18	39	33	37	70	37	67
6	青皮竹	笋(幼竹)高				14	33	53	70	120	155	213	
		五日生长量					19	20	17	50	35	58	
7	马甲竹	笋(幼竹)高						17	46	123	236	323	435
		五日生长量							29	77	113	87	112
8	苦绿竹	笋(幼竹)高					15	37	58	93	165	218	295
		五日生长量						22	21	35	72	53	77
9	吊丝球竹	笋(幼竹)高		11	38	61	88	130	193	341	412	521	619
		五日生长量			27	23	27	42	63	148	71	109	98
10	麻竹	笋(幼竹)高						25	86	170	280	365	468
		五日生长量							61	84	110	85	103
11	绿竹	笋(幼竹)高		10	22	42	76	158	210	280	361	452	530
		五日生长量			12	20	34	82	52	70	81	91	78

（续上表日期）

序号	竹子名称	日期（月/日）	8/31	9/5	9/10	9/15	9/20	9/25	9/30	10/5	10/10	10/15	10/20
1	锦竹	笋（幼竹）高	594	670	692	773	856	878	939	1020	1041	停	
		五日生长量	93	76	22	81	83	22	61	81	21		
2	粉单竹	笋（幼竹）高	650	710	733	789	851	892	911	960	1012	停	
		五日生长量	48	60	23	56	62	41	19	49	52		
3	撑篙竹	笋（幼竹）高	509	570	610	665	688	745	810	835	895	958	970
		五日生长量	82	61	40	55	23	57	65	25	60	63	12
4	崖州竹	笋（幼竹）高	461	515	578	629	648	680	744	840	898	940	停
		五日生长量	96	54	63	51	19	32	64	96	58	42	
5	花竹	笋（幼竹）高	402	445	499	547	560	611	671	715	730	772	846
		五日生长量	88	43	54	48	13	51	60	44	15	42	74
6	青皮竹	笋（幼竹）高	285	342	393	446	458	512	588	635	657	696	760
		五日生长量	72	57	51	53	12	54	76	47	22	39	64
7	马甲竹	笋（幼竹）高	468	704	823	926	968	992	1017	1119	1224	1329	1367
		五日生长量	33	236	119	103	42	24	25	102	105	105	38
8	苦绿竹	笋（幼竹）高	390	472	545	617	644	711	761	停			
		五日生长量	95	82	73	72	27	67	50				
9	吊丝球竹	笋（幼竹）高	779	784	867	943	1002	1018	1052	1164	1258	1310	1340
		五日生长量	160	5	83	76	59	16	34	112	94	52	30
10	麻竹	笋（幼竹）高	736	891	974	1034	1127	1187	1220	1328	1380	1460	1493
		五日生长量	268	155	83	60	93	60	33	108	52	80	33
11	绿竹	笋（幼竹）高	618	671	790	815	951	970	981	停			
		五日生长量	88	53	119	25	136	19	11				

（续上表日期）

序号	竹子名称	日期（月/日）	10/25	10/30	11/24
1	锦竹	笋（幼竹）高			
		五日生长量			
2	粉单竹	笋（幼竹）高			
		五日生长量			
3	撑篙竹	笋（幼竹）高	1006	停	
		五日生长量	36		
4	崖州竹	笋（幼竹）高			
		五日生长量			
5	花竹	笋（幼竹）高	917	937	
		五日生长量	71	20	
6	青皮竹	笋（幼竹）高	811	826	停
		五日生长量	51	15	
7	马甲竹	笋（幼竹）高	1423	停	
		五日生长量	56		
8	苦绿竹	笋（幼竹）高			
		五日生长量			
9	吊丝球竹	笋（幼竹）高	1362	停	
		五日生长量	22		
10	麻竹	笋（幼竹）高	停		
		五日生长量			
11	绿竹	笋（幼竹）高			
		五日生长量			

（1）竹笋—幼竹高生长数学模型

为更好地了解 11 种丛生竹各竹种竹笋—幼竹高生长与时间的关系，以测得的竹笋—幼竹高生长量与时间关系的数据进行 11 种单因子生长模拟（谢家发，2004；

苏金明等,2002)。结果表明,两者拟合模型以三次多项式模型最优(见表2-6),各竹种拟合模型的相关系数的平方达 0.926 以上,呈极显著相关关系,说明这些模型可用来预估竹笋—幼竹高生长情况。

表 2-6　11 种丛生竹竹笋—幼竹高生长数学模型

序号	竹种名称	数学模型	相关系数平方	自由度	F 值
1	锦竹	$y=4.380-0.124x-0.001x^2-2.223x^3$	0.970	15	128.234
2	粉单竹	$y=1.173-0.040x+1.836x^3$	0.963	15	105.139
3	撑篙竹	$y=6.890-0.395x+0.007x^2-2.710x^3$	0.982	15	224.418
4	崖州竹	$y=-0.478+0.173x-0.006x^2+2.255x^3$	0.936	14	53.42
5	花竹	$y=2.871-0.248x+0.008x^2+0.601x^3$	0.936	15	58.086
6	青皮竹	$y=2.529-0.118x+0.002x^2-0.298x^3$	0.968	15	119.221
7	马甲竹	$y=1.201-0.034x-0.000081x^2+3.582x^3$	0.951	13	64.38
8	苦绿竹	$y=-3.197+0.888x-0.049x^2+5.622x^3$	0.939	9	30.673
9	吊丝球竹	$y=4.274-0.359x-0.010x^2-0.171x^3$	0.943	15	66.162
10	麻竹	$y=-0.479+0.272x-0.015x^2+1.694x^3$	0.965	12	82.558
11	绿竹	$y=2.935-0.285x+0.012x^2+8.459x^3$	0.926	12	37.664

注:$p<0.05$。

(2)聚类分析

该区域位于我国丛生型竹种的分布中心区域,丛生型竹种繁多,而笋用竹多以人工栽培的形式进行生产,这就对竹种的搭配栽植提出了要求。同时竹类植物竹笋—幼竹的高生长与成竹、出笋都存在密切的相关性,本项目对调查竹种进行了聚类分析,图 2-1 的结果显示,丛生竹的合并变量间的距离相差较大,其生长节律不能简单地以种属的差别来进行分类,即同为簕竹属的不同竹种的生长节律不尽相同,应根据立地条件,栽培管理等具体分析。通过对 11 种丛生竹竹笋—幼竹高生长情况进行聚类分析(见图 2-1),可分三大类:第 1 类有 3 种,分别是马甲竹、吊丝球竹、麻竹,三种竹子生长节律趋同,且与其他测试竹种相距较远分为一类;第 2 类也有 3 种,分别是花竹、青皮竹、苦绿竹;第 3 类有 5 种,分别是锦竹、粉单竹、撑篙竹、崖州竹、绿竹。

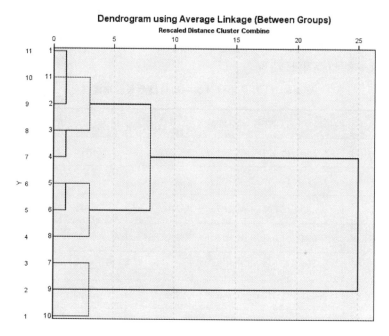

注：本图中竹种的序号与表2-4各竹种的序号相同。

图 2-1　11 种丛生竹高生长节律聚类树状图

(二)散生(混生)竹型笋用竹笋期生长规律的研究

根据对 11 种散生(混生)竹出笋时间和持续天数以及竹笋—幼竹高生长情况调查(表 2-7)，并对 11 种散生(混生)竹竹笋—幼竹高生长用数学模型(谢家发，2004；苏金明等，2002)的进行拟合和聚类分析。

表 2-7　11 种散生(混生)竹出笋时间及持续的天数

序号	竹子名称	出笋初期	出笋末期	持续天数(d)
1	石竹 *Phyllostachys nuda*	4 月 25 日	5 月 18 日	23
2	毛金竹 *Phyllostachys nigra* 'Henonis'	3 月 22 日	5 月 3 日	42
3	绿槽毛竹 *Phyllostachys heterocycla* 'Viridisulcata'	3 月 19 日	4 月 29 日	41
4	红哺鸡竹 *Phyllostachys glabrata*	3 月 13 日	4 月 28 日	46
5	高节竹 *Phyllostachys prominens*	3 月 22 日	4 月 26 日	35
6	雷竹 *Phyllostachys praecox* 'Prevernnalis'	1 月 1 日	2 月 1 日	30
7	人面竹 *Phyllostachys aurea*	4 月 28 日	5 月 15 日	17
8	少穗竹 *Oligostachyum sulcatum*	3 月 25 日	5 月 4 日	40
9	江南竹 *Indosasa gigantea*	3 月 13 日	5 月 2 日	50
10	白哺鸡竹 *Phyllostachys dulcis*	3 月 27 日	4 月 28 日	32
11	花叶唐竹 *Sinobambusa tootsik* 'Luteolo-albo-striata'	3 月 25 日	5 月 25 日	60

1.11 种散生(含混生)竹出笋时间及持续天数

混生竹兼有散生竹和丛生竹的生长特性,既有横走于地下的竹鞭,又有密集丛生的竹丛。混生竹竹鞭的形态特征和生长特性与散生竹竹鞭基本相同。一般混生竹的出笋期,略迟于散生竹而早于丛生竹。由表 2-7 可见,11 种散生(混生)竹出笋时间起始于 1 月份,终止于 5 月,存在差异明显的"慢—快—慢"生长节律,最早出笋的是雷竹,1 月 1 日即可见出笋,最迟出笋的是人面竹,4 月 28 日才见出笋;出笋持续天数在 20~60 d,持续时间最短的是人面竹,只有 17 d,出笋持续时间最长的是花叶唐竹,达 60 d。其中,雷竹和高节竹的 5 日生长量,在初期还存在小幅度的下降,进而直线上升的趋势。绿槽毛竹、红哺鸡竹、高节竹、雷竹、人面竹、少穗竹、江南竹、花叶唐竹等 8 种竹笋的每日高生长量盛期集中在出笋后的 16 d 左右,末期高生长量下降趋势较上升期平缓。而毛金竹的日生长量则表现出,初期生长相对旺盛,盛期在出笋后 10 d 即显现,末期生长量下降较其他竹种平缓。石竹的出笋期为 23 d,出笋盛期较其他竹种稍迟,盛期出现在出笋中期。

2. 散生(混生)竹型笋用竹生长数学模型拟合及聚类分析

散生(混生)竹竹秆的高生长是靠各节居间分生组织和侧生分生组织细胞分裂增殖使节间伸长完成的。在竹秆高生长的进程中,竹笋各节生长活动起止时间和生长速度是不一致的,从基部节间开始,自下而上逐节进行伸长、加粗活动,每节节间生长速度呈"慢—快—慢"的变化规律。竹秆节间长度生长与竹秆高生长节奏变化大致对应,即在竹秆高生长初期节间长度生长量小,上升期节间长度生长量逐渐加大,盛期节间长度生长量最大,末期生长量又变小。而竹笋出土生长到竹秆高生长停止的生长速度节奏,也如同大多数植物秆茎高生长一样,呈现"慢—快—慢"的过程(表 2-8)。散生竹地上竹秆稀疏林立,地下竹鞭相连,互通营养。竹连鞭,鞭生笋,笋长竹,竹又养鞭,循环增殖,互相影响,与有机营养物质的合成、积累、分配、消耗等生理活动,形成竹林的"自我调节"系统。

表 2-8　11 种散生(混生)竹笋—幼竹高生长情况调查表(cm)

序号	竹子名称	日期 (月/日)	4/7	4/12	4/17	4/23	4/28	5/3	5/8	5/13	5/18	5/23
1	石竹	笋(幼竹)高	11.0	18.9	37.1	67.5	130.7	218.5	254.6	267.8	停	
		五日生长量		7.9	18.2	30.4	63.2	87.8	36.1	13.2		
2	毛金竹	笋(幼竹)高	23.0	40.0	102.0	185.7	223.4	254.1	267.8	273.5	275.3	停
		五日生长量		17.0	62.0	83.7	37.7	30.7	13.7	5.7	1.8	
3	绿槽毛竹	笋(幼竹)高	7.0	18.0	65.0	138.9	217.5	241.8	253.0	260.2	停	
		五日生长量		11.0	47.0	73.9	78.6	24.3	11.2	7.2		
4	红哺鸡竹	笋(幼竹)高	18.0	28.0	54.0	105.4	200.5	238.0	250.0	256.3	停	
		五日生长量		10.0	26.0	51.4	95.1	37.5	12.0	6.3		
5	高节竹	笋(幼竹)高	25.0	37.0	41.0	83.0	160.7	214.7	253.0	270.0	276.5	停
		五日生长量		12.0	4.0	42.0	77.7	54.0	38.3	17.0	6.5	
6	雷竹	笋(幼竹)高	25.0	44.0	52.0	100.1	175.6	224.0	250.1	270.0	停	
		五日生长量		19.0	8.0	48.1	75.5	48.4	26.1	19.9		
7	人面竹	笋(幼竹)高	32.0	44.0	57.0	91.3	150.2	190.4	218.6	236.0	停	
		五日生长量		12.0	13.0	34.3	58.9	40.2	28.2	17.4		
8	少穗竹	笋(幼竹)高	24.0	30.0	42.0	84.6	148.6	178.0	201.4	211.0	217.5	停
		五日生长量		6.0	12.0	42.6	64.0	29.4	23.4	9.6	6.5	
9	江南竹	笋(幼竹)高	19.0	28.0	48.0	98.7	170.2	220.0	253.3	261.0	265.7	停
		五日生长量		9.0	20.0	50.7	71.5	49.8	33.3	7.7	4.7	
10	白哺鸡竹	笋(幼竹)高	15.0	43.0	84.0	158.6	210.7	253.0	271.3	277.0	停	
		五日生长量		28.0	41.0	74.6	52.1	42.3	18.3	5.7		
11	花叶唐竹	笋(幼竹)高	7.1	21.6	33.7	65.8	137.0	191.2	216.1	218.0	220.3	停
		五日生长量		14.5	12.1	32.1	71.2	54.2	24.9	1.9	2.3	

（1）竹笋—幼竹高生长数学模型

表 2-9　11 种散生（混生）竹竹笋—幼竹高生长数学模型

序号	竹种名称	数学模型	相关系数平方	自由度	F 值
1	石竹	$y = -1.671 + 1.758x - 0.233x^2 + 1.434x^3$	0.992	4	43.876
2	毛金竹	$y = -6.363 + 2.353x - 0.202x^2 + 6.913x^3$	0.981	5	35.222
3	绿槽毛竹	$y = -5.232 + 3.475x - 0.442x^2 + 3.713x^3$	0.952	4	6.55
4	红哺鸡竹	$y = -0.916 + 1.960x - 0.284x^2 + 0.049x^3$	0.942	4	5.379
5	高节竹	$y = 0.012 + 1.211x - 0.146x^2 + 0.970x^3$	0.964	5	17.682
6	雷竹	$y = 5.668 - 0.476x - 0.021x^2 - 3.997x^3$	0.971	4	11.163
7	人面竹	$y = -1.612 + 2.253x - 0.316x^2 + 1.078x^3$	0.951	4	8.508
8	少穗竹	$y = -0.014 + 0.992x - 0.121x^2 + 0.759x^3$	0.967	5	19.562
9	江南竹	$y = -3.116 + 2.336x - 0.252x^2 + 3.723x^3$	0.965	5	18.544
10	白哺鸡竹	$y = -9.881 + 4.525x - 0.502x^2 + 7.559x^3$	0.997	4	107.946
11	花叶唐竹	$y = 0.582 + 1.216x - 0.160x^2 + 0.736x^3$	0.952	5	13.125

注：$p < 0.05$。

11 种散生（混生）竹竹笋—幼竹高生长量与时间关系的数据 11 种单因子生长模拟结果表明，两者拟合模型以三次多项式模型最优（见表 2-9），各竹种拟合模型的相关系数的平方达 0.942 以上，呈极显著相关关系，说明这些模型可用来预估竹笋—幼竹高生长情况。在本课题调查的 11 种散生、混生竹种中。竹笋完成高生长时间集中在 30～40 d 以内。由表 2-8 可以看出，散生、混生竹的竹笋—幼竹高生长与生长时长相对关系的单因子数学模型的分析中，R^2 的取值范围明显高于丛生竹的数学模型，其三次方曲线模型 $Y = b_0 + b_1 t + b_2 t^2 + b_3 t^3$ 同样是 11 种分析模型中拟合优度最高的，且模型显著性均小于 0.05，呈极显著相关关系，可决定系数在 0.942～0.997。其中，白哺鸡竹和石竹的三次方曲线模式拟合度较高，红哺鸡竹的三次方曲线模式拟合度略低。

（2）聚类分析

在本项目调查的 11 种散生（混生）竹种中，生长节律差异同样不以样品的属种来进行分类，但较丛生竹分类集中，竹种分类间距亦小于丛生竹种。由图 2-2 可见，11 种散生（混生）竹竹笋—幼竹高生长情况经聚类分析，可分 4 大类：第 1 类有 2 种，分别是绿槽毛竹、红哺鸡竹；第 2 类也有 2 种，分别是毛金竹、白哺鸡竹；第 3 类只有 1 种石竹；第 4 类只有 6 种，分别是高节竹、雷竹、江南竹、花叶唐竹、人面竹、少穗竹。

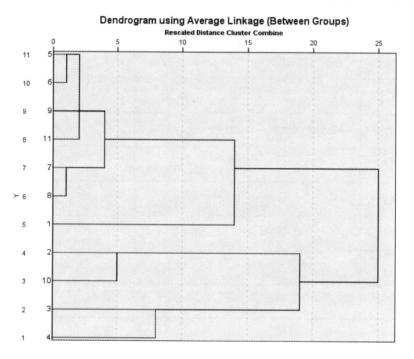

注：本图中竹种的序号与表 2-7 各竹种的序号相同。

图 2-2　11 种散生（混生）竹高生长节律聚类树状图

2.3.3　笋用竹竹笋营养成分的分析测定

（一）含水量

水分是植物形态建成的重要物质，其含量的变化对植物器官、内含物及酶的活性有重要影响。竹笋含水量的高低不仅在一定程度上反映其光合作用、呼吸作用、有机物质的合成和分解能力，更是竹笋新鲜度的标志，但含水量过高则不利于竹笋的贮藏和运输，同时采后笋体内的酶促反应也会导致竹笋干物质含量降低，木质纤维升高，影响其商品价值（罗平源等，2006）。竹笋中含水量直接影响着竹笋的口感和品质,含水量越高竹笋越幼嫩,口感越好(王曙光,普晓兰,丁雨龙,等,2009)。

由表 2-10 可知,在所测 42 种竹笋中,含水率变化在 79.93%～93.45%,均值为 90.83%。除长毛米筛竹笋的含水率最低,为 79.93%之外,余者均在 87%以上。含水率低于 90%的竹种为巨龙竹、梁山慈竹、米筛竹、大眼竹、红壳绿竹、苏麻竹和大头典竹,占所测竹种的 16.67%,且均为丛生型竹种,但在综合其他竹种后,丛生竹的平均含水率为 90.46%,与总体试验竹种平均值相近。含水率高于 90%的竹种占所测竹种的 80.95%,比较三种类型竹种,其中含水量最高的是散生型竹种黄甜竹,散生(混生竹)竹笋平均含水量为 91.66%,较丛生竹高出 1.2 个百分点。

表 2-10　竹笋含水率

序号	竹种中文名	拉丁学名	含水率(%)
1	黄甜竹	*Acidoasa edulis*	93.45
2	乌芽竹	*Phyllostachys atrovaginata*	91.82
3	寿竹	*Phyllostachys bambusoides*	90.43
4	角竹	*P. fimbriligula*	90.76
5	少穗竹	*Oligostachyum sulcatum*	90.48
6	黄槽刚竹	*Phyllostachys sulphurea*	91.37
7	橄榄竹	*Indosasa gigantea*	92.86
8	毛金竹	*Phyllostachys nigra* var. *henonis*	91.40
9	安吉金竹	*Phyllostachys parvifolia*	91.59
10	四季竹	*Oligostachyum lubricum*	91.35
11	大佛肚	*Bambusa vulgaris* 'Wamin'	91.40
12	台湾桂竹	*Phyllostachys makinoi*	91.72
13	刚竹	*Phyllostachys sulphurea* 'Viridis'	92.03
14	吊丝单竹	*Dendrocalamopsis vario-striata*	90.89
15	撑麻 7 号	*Bambusa pervariabilis* × *D. latiflorus*	91.08
16	勃氏甜龙竹	*Dendrocalamus brandisii*	92.57
17	大绿竹	*Dendrocalamopsis daii*	91.11
18	黄皮刚竹	*Phyllostachys viridis*	92.28
19	黄金间碧玉竹	*Bambusa vulgaris* 'Vittata'	91.59
20	车筒竹	*Bambusa sinospinosa*	91.10

续表

序号	竹种中文名	拉丁学名	含水率(%)
21	石角竹	*Bambusa multiplex* var. *shimadai*	92.25
22	泰竹	*Thyrsostachys siamensis*	91.17
23	花眉竹	*Bambusa longispiculata*	92.73
24	米筛竹	*Bambusa pachinensis*	89.08
25	乡土竹	*Bambusa indigena*	91.81
26	青竿竹	*Bambusa tuldoides*	91.86
27	马甲竹	*Bambusa tulda*	91.68
28	大眼竹	*Bambusa eutuldoides*	89.73
29	黑巨草竹	*Giantachloa artroviolacea*	90.64
30	黑甜龙竹	*Dendrocalamus asper* var. *Black*	91.25
31	东帝汶黑竹	*Bambusa lako*	90.80
32	苏麻竹	*Dendrocalamus brandisii*	89.96
33	马来甜龙竹	*Dendrocalamus asper*	92.62
34	牛儿竹	*Bambusa prominens*	90.88
35	长毛米筛竹	*Bambusa pachinensis* var. *hirsutissima*	79.93
36	红壳绿竹	*Dendrocalamopsis oldhamii* sp.	89.74
37	版纳甜龙竹	*Dendrocalamus hamiltonii*	91.66
38	大头典竹	*Dendrocalamopsis beecheyana*	89.99
39	壮绿竹	*Dendrocalamopsis validus*	90.04
40	云南龙竹	*Dendrocalamus yunnanicus*	90.44
41	巨龙竹	*Dendrocalamus sinicus*	87.24
42	梁山慈竹	*Dendrocalamus farinosus*	88.23
平均值			90.83

注:(1)以上数据均为新鲜竹笋的营养成分含量;(2)样品含量为3次试验平均值。

(二)灰分含量

灰分是由所有矿物质元素构成,是人体进行新陈代谢不可缺少的物质(王茜,王曙光,邓琳,等,2017)。竹笋中所有的矿物质元素构成了总灰分,灰分中的无机盐矿物质元素是人体新陈代谢不可缺少的,无机盐中的磷、铁、钙等矿物质元素更是人们重要的碱性食物(Chongtham N,etc.,2011)。

竹笋的灰分中含有几十种元素,含量较多,意义较大的元素有磷、钾、硅、钙、铝、镁、铁等。灰分是食品中无机成分总量的标志,是评价食品营养的主要参考因子之一。由表 2-11 可见,供试 42 种不同竹笋的灰分含量低于 0.400% 的笋种有 7 种,均是丛生型竹,分别为泰竹、黑甜龙竹、青竿竹、石角竹、米筛竹、版纳甜龙竹和大眼竹,其中泰竹灰分含量最低,仅为 0.213%。刚竹的灰分含量为 0.465%,是所测定散生竹中比例最低竹种。灰分含量最高者为黄皮刚竹,达 1.224%,另外两种灰分含量相对较高的竹种为吊丝单竹和大佛肚竹,分别为 1.077% 和 1.154%。据所测定竹种的灰分含量来说,总体均值为 0.570%,散生、混生竹的灰分含量平均值为 0.700%,而丛生竹的灰分含量平均值为 0.511%,存在显著差异。

表 2-11　竹笋灰分含量

序号	竹种中文名	灰分含量(%)	序号	竹种中文名	灰分含量(%)	序号	竹种中文名	灰分含量(%)
1	黄甜竹	0.816	16	勃氏甜龙竹	0.893	31	东帝汶黑竹	0.417
2	乌芽竹	0.702	17	大绿竹	0.667	32	苏麻竹	0.448
3	寿竹	0.678	18	黄皮刚竹	1.224	33	马来甜龙竹	0.549
4	角竹	0.469	19	黄金间碧玉竹	0.444	34	牛儿竹	0.449
5	少穗竹	0.545	20	车筒竹	0.425	35	长毛米筛竹	0.589
6	黄槽刚竹	0.536	21	石角竹	0.250	36	红壳绿竹	0.421
7	橄榄竹	0.769	22	泰竹	0.213	37	版纳甜龙竹	0.340
8	毛金竹	0.820	23	花眉竹	0.526	38	大头典竹	0.440
9	安吉金竹	0.714	24	米筛竹	0.338	39	壮绿竹	0.446
10	四季竹	0.784	25	乡土竹	0.476	40	云南龙竹	0.445
11	大佛肚竹	1.154	26	青竿竹	0.238	41	巨龙竹	0.651
12	台湾桂竹	0.580	27	马甲竹	0.682	42	梁山慈竹	0.438
13	刚竹	0.465	28	大眼竹	0.377			
14	吊丝单竹	1.077	29	黑巨草竹	0.400		平均值	0.570
15	撑麻 7 号	0.809	30	黑甜龙竹	0.217			

注:(1)以上数据均为新鲜竹笋的营养成分含量;(2)样品含量为 3 次试验平均值。

（三）维生素 C 含量

维生素 C 又名抗坏血酸,在消化道中参与金属离子 Cu^{2+}、Zn^{2+}、Ca^{2+} 进行络合,使肠道吸收下降,从而减少其对人体的毒害作用。维生素 C 能增强体液免疫与细胞免疫功能,用来防感冒、抗衰老、防治冠心病,维生素 C 也是治疗贫血重要的辅助药物。预防成人维生素 C 缺乏症的最低必需量是 10 mg/d,若考虑到烹调损失约 30%,中国居民膳食维生素 C 推荐为成人 100 mg/d,孕妇、乳母 130 mg/d（杨校生等,2001）。

由表 2-12 可知,供试 42 种不同竹笋的每 100 g 鲜笋中维生素 C 的含量从 3.9 mg 至 14.6 mg 之间变化,鲜笋维生素 C 的平均含量为 9.24 mg/100 g,与黄瓜中维生素 C 含量（9 mg/100 g）相当。其中,鲜笋维生素 C 含量的总趋势为丛生型竹大于散生型竹,在维生素 C 含量大于 10 mg/100 g 的 14 种竹种中,仅有少穗竹 11.1 mg/100 g 一种散生型竹,而鲜笋维生素 C 含量少于均值含量的竹种,则多为散生、混生型竹种,当然存在例外情况,丛生型竹种中的车筒竹和马甲竹的鲜笋维生素 C 含量就较低,分别为 4.2 mg/100 g 和 6.0 mg/100 g。

表 2-12　竹笋维生素 C 含量

序号	竹种中文名	维生素C含量(mg/100 g)	序号	竹种中文名	维生素C含量(mg/100 g)	序号	竹种中文名	维生素C含量(mg/100 g)
1	黄甜竹	3.9	16	勃氏甜龙竹	8.5	31	东帝汶黑竹	9.3
2	乌芽竹	6.6	17	大绿竹	11.0	32	苏麻竹	11.0
3	寿竹	9.9	18	黄皮刚竹	6.6	33	马来甜龙竹	—
4	角竹	6.2	19	黄金间碧玉竹	13.0	34	牛儿竹	—
5	少穗竹	11.1	20	车筒竹	4.2	35	长毛米筛竹	—
6	黄槽刚竹	6.1	21	石角竹	11.8	36	红壳绿竹	—
7	橄榄竹	7.7	22	泰竹	11.6	37	版纳甜龙竹	—
8	毛金竹	8.2	23	花眉竹	10.5	38	大头典竹	—
9	安吉金竹	6.7	24	米筛竹	9.7	39	壮绿竹	—
10	四季竹	7.1	25	乡土竹	11.6	40	云南龙竹	—
11	大佛肚竹	11.1	26	青竿竹	10.9	41	巨龙竹	—
12	台湾桂竹	6.1	27	马甲竹	6.0	42	梁山慈竹	—
13	刚竹	5.5	28	大眼竹	14.4			
14	吊丝单竹	11.0	29	黑巨草竹	12.8		平均值	9.24
15	撑麻7号	11.1	30	黑甜龙竹	14.6			

注:(1)以上数据均为新鲜竹笋的营养成分含量;(2)样品含量为 3 次试验平均值;(3)"—"表示因样品量不够,未测。

（四）蛋白质含量

蛋白质是由多种氨基酸结合而成的高分子化合物，是生物体主要的组成物质。蛋白质作为人体必需营养素，在人体代谢中起到重要作用（周中凯，杨艳，郑排云，等，2014）。蛋白质缺乏和热能缺乏经常联系在一起，称之为蛋白质—热能营养不良，临床主要表现为消瘦和水肿。但过多摄入蛋白质对有机体没有益处，并有可能有害。竹笋中的粗蛋白质容易被人体吸收，营养价值较高。

根据 42 种鲜笋的分析结果（表 2-13），蛋白质含量变化范围在 1.013%～2.669%，平均值为 1.752%。蛋白质含量较少的竹种为寿竹 1.013%、苏麻竹 1.182%、黑巨草竹 1.196%；蛋白质含量较高的竹种为黄甜竹 2.432%、橄榄竹 2.459% 和角竹 2.669%。含量分布就竹种来说较均衡，但相对比较分析丛生竹蛋白质含量较低，其平均值为 1.677%；散生、混生竹蛋白质含量较高，平均值为 1.920%。

表 2-13　竹笋蛋白质含量

序号	竹种中文名	蛋白质含量（%）	序号	竹种中文名	蛋白质含量（%）	序号	竹种中文名	蛋白质含量（%）
1	黄甜竹	2.432	16	勃氏甜龙竹	1.538	31	东帝汶黑竹	2.246
2	乌芽竹	2.162	17	大绿竹	1.566	32	苏麻竹	1.182
3	寿竹	1.013	18	黄皮刚竹	1.863	33	马来甜龙竹	1.714
4	角竹	2.669	19	黄金间碧玉竹	2.071	34	牛儿竹	1.705
5	少穗竹	1.786	20	车筒竹	1.934	35	长毛米筛竹	1.589
6	黄槽刚竹	1.780	21	石角竹	2.195	36	红壳绿竹	1.567
7	橄榄竹	2.459	22	泰竹	2.220	37	版纳甜龙竹	1.260
8	毛金竹	1.818	23	花眉竹	2.033	38	大头典竹	1.938
9	安吉金竹	1.906	24	米筛竹	1.801	39	壮绿竹	1.415
10	四季竹	1.584	25	乡土竹	1.566	40	云南龙竹	1.601
11	大佛肚竹	1.576	26	青竿竹	1.605	41	巨龙竹	1.449
12	台湾桂竹	1.633	27	马甲竹	1.605	42	梁山慈竹	1.492
13	刚竹	1.852	28	大眼竹	1.772			
14	吊丝单竹	1.642	29	黑巨草竹	1.196			
15	撑麻 7 号	1.578	30	黑甜龙竹	1.582		平均值	1.752

注：（1）以上数据均为新鲜竹笋的营养成分含量；（2）样品含量为 3 次试验平均值。

（五）粗脂肪含量

脂肪对人体的作用表现在提供能量及营养必需的脂肪酸和脂溶性维生素等，每克脂肪可以提供约为 9000 cal 的能量。但人体内积累过多的脂肪，将引起肥胖症、高血压和心血管病等。粗脂肪也是评价蔬菜质量的指标之一，而竹笋低脂肪含量，为需要节食以及想要控制体重的人群提供了很好的食物（杨奕，董文渊，邱月群，等，2015；甘小洪，唐翠彬，温中斌，等，2013）。竹笋粗脂肪含量高，说明竹笋细嫩，品质优，因此，粗脂肪含量也是评价竹笋品质的重要指标之一。

由表 2-14 可知，各种竹笋中的粗脂肪含量差异显著。所测 36 种竹种的粗脂肪含量百分比变化范围为 0.040%～1.290%。其中，黄槽刚竹、安吉金竹、台湾桂竹和黄甜竹的粗脂肪含量百分比较低，分别为 0.040%、0.150%、0.161% 和 0.171%，均为散生型竹种；粗脂肪含量百分比大于 1.0% 的竹种分别为梁山慈竹 1.083%、马来甜龙竹 1.134%、红壳绿竹 1.167% 和壮绿竹 1.290%，均为丛生型竹种。按竹种类型统计，丛生型竹种竹笋的粗脂肪含量百分比为 0.644%，而散生、混生型竹种竹笋的粗脂肪含量百分比仅为 0.231%，差异呈显著水平。

表 2-14　竹笋粗脂肪含量

序号	竹种中文名	粗脂肪含量(%)	序号	竹种中文名	粗脂肪含量(%)	序号	竹种中文名	粗脂肪含量(%)
1	黄甜竹	0.171	16	勃氏甜龙竹	—	31	东帝汶黑竹	0.190
2	乌芽竹	—	17	大绿竹	0.702	32	苏麻竹	0.420
3	寿竹	—	18	黄皮刚竹	—	33	马来甜龙竹	1.134
4	角竹	—	19	黄金间碧玉竹	0.517	34	牛儿竹	0.921
5	少穗竹	0.218	20	车筒竹	0.443	35	长毛米筛竹	0.679
6	黄槽刚竹	0.040	21	石角竹	0.434	36	红壳绿竹	1.167
7	橄榄竹	0.305	22	泰竹	0.465	37	版纳甜龙竹	0.420
8	毛金竹	0.210	23	花眉竹	0.434	38	大头典竹	0.893
9	安吉金竹	0.150	24	米筛竹	0.626	39	壮绿竹	1.290
10	四季竹	0.591	25	乡土竹	0.570	40	云南龙竹	0.292
11	大佛肚竹	0.463	26	青竿竹	0.820	41	巨龙竹	0.906
12	台湾桂竹	0.161	27	马甲竹	0.920	42	梁山慈竹	1.083
13	刚竹	—	28	大眼竹	0.577			
14	吊丝单竹	0.700	29	黑巨草竹	0.231			
15	撑麻7号	0.389	30	黑甜龙竹	0.341		平均值	0.552

注：(1)以上数据均为新鲜竹笋的营养成分含量；(2)样品含量为 3 次试验平均值；(3)"—"表示因样品量不够，未测。

（六）粗纤维含量

纤维素是具有胶体特性的高分子聚糖,分子为长链状,由配糖物相互联结成的大量葡萄糖聚糖基所组成,不易被人体直接消化利用,但竹笋中含有适量纤维素,对人体肠胃等消化系统的健康有益。有研究认为,结肠癌的发生是由于某些毒性物质或刺激性物质停留在结肠内的时间过长所致,而纤维素可以及时排除这些物质,对人体有一定的抗癌作用。另外,粗纤维可以降低血糖,用于糖尿病的治疗(陈续和,2008)。另一方面,竹笋中粗纤维含量会随笋龄的增加而增多,直接影响食用笋的口感,降低其食用价值(万杰,2008;裴佳龙,李鹏程,王茜,等,2018)。

根据对鲜竹笋粗纤维含量的分析结果(表2-15),有18种竹笋的纤维素含量因样本量少未测定。在所测竹笋中,其粗纤维的百分百含量变化范围在0.666%～1.613%,且多为丛生竹种。其中,云南龙竹和黑甜龙竹的粗纤维百分比含量较低,分别为0.666%和0.674%;大佛肚竹的粗纤维百分比最高,为1.613%。总体粗纤维含量的百分比均值为0.977%。

表 2-15　竹笋粗纤维含量

序号	竹种中文名	粗纤维含量(%)	序号	竹种中文名	粗纤维含量(%)	序号	竹种中文名	粗纤维含量(%)
1	黄甜竹	/	16	勃氏甜龙竹	/	31	东帝汶黑竹	0.891
2	乌芽竹	/	17	大绿竹	/	32	苏麻竹	1.013
3	寿竹	/	18	黄皮刚竹	/	33	马来甜龙竹	0.879
4	角竹	/	19	黄金间碧玉竹	0.983	34	牛儿竹	0.906
5	少穗竹	/	20	车筒竹	0.898	35	长毛米筛竹	1.064
6	黄槽刚竹	/	21	石角竹	/	36	红壳绿竹	1.137
7	橄榄竹	/	22	泰竹	0.931	37	版纳甜龙竹	0.894
8	毛金竹	1.266	23	花眉竹	0.832	38	大头典竹	1.048
9	安吉金竹	/	24	米筛竹	0.771	39	壮绿竹	1.100
10	四季竹	/	25	乡土竹	/	40	云南龙竹	0.666
11	大佛肚竹	1.613	26	青竿竹	/	41	巨龙竹	0.696
12	台湾桂竹	1.131	27	马甲竹	0.850	42	梁山慈竹	0.953
13	刚竹	/	28	大眼竹	/			
14	吊丝单竹	1.045	29	黑巨草竹	/			
15	撑麻7号	1.198	30	黑甜龙竹	0.674		平均值	0.977

注:(1)以上数据均为新鲜竹笋的营养成分含量;(2)样品含量为3次试验平均值;(3)"/"表示因样品量不够,未测。

（七）氨基酸含量

氨基酸在人体活动中占据重要地位,尤其是人体不能自身合成的8种必需氨基酸(王小生,2005)。氨基酸是人体内合成蛋白质的主要原料,但决定蛋白质营养价值最重要的因素是其中所含必需氨基酸的量与其相互间的比例关系,即一种蛋白质中若含8种必需氨基酸都充足,且相互间的比例又接近人体必需氨基酸相互间的比例,其生理价值就较高。反之,缺少任何一种或比例失调,都会影响蛋白质的合成,降低人体免疫力。

竹类植物笋体的氨基酸组成比较齐全,属于完全蛋白质。除色氨酸(Trp)未测定外[色氨酸不能检出是因为色氨酸的吲哚环在盐酸水解过程中受破坏(张谦益等,2006)],竹笋蛋白质中含有17种氨基酸。

1. 竹笋中氨基酸总含量的比较研究

在本项目测定的44种竹笋中,所含的氨基酸总量呈现显著差异(表2-16),其中氨基酸总量最高的三种分别为黄皮刚竹、毛金竹和刚竹,总含量分别为279.01 g/kg、269.13 g/kg、242.27 g/kg;相对含量较少的三个竹种为牛儿竹、麻竹和马来甜龙竹,总含量分别为129.3 g/kg、126.22 g/kg、120.43 g/kg;由此可见,所选竹种中总氨基酸含量范围在120.43~279.01 g/kg,含量高低落差为2.32倍。试验结果显示,甲硫氨酸和半胱氨酸在各笋种中含量最低,分别占竹笋氨基酸最低含量的61.36%和36.36%;谷氨酸和天冬氨酸的含量最高,分别占竹笋氨基酸最高含量的38.63%和61.36%。此结果与徐圣友等人测定的蛋氨酸(甲硫氨酸)含量最低,天冬氨酸含量最高(徐圣友等,2005)的结论相似。其中,角竹未检测出甲硫氨酸,此外含量最低为半胱氨酸;牛儿竹未检测出酪氨酸,此外含量最低为甲硫氨酸。竹笋的相对氨基酸含量亦有较大差异,有三种竹笋的不同氨基酸含量(max/min)比值超过100倍。分别是黄甜竹为162.10(总氨基酸含量203.74 g/kg)、大佛肚竹为110.07(总氨基酸含量173.76 g/kg)、少穗竹101.50(总氨基酸含量238.58 g/kg);而比值较小的三种竹笋为,马来甜龙竹为22.89(总氨基酸含量120.43 g/kg)、黑甜龙竹为22.75(总氨基酸含量208.65 g/kg)、车筒竹为20.50(总氨基酸含量182.18 g/kg)。值得注意的是,比值较高的三种竹笋中,其氨基酸含量比值模式为天冬氨酸/甲硫氨酸(蛋氨酸);而比值较低的三种竹笋中,除马来甜龙竹的氨基酸含量比值模式为谷氨酸/甲硫氨酸(蛋氨酸)外,其他两种竹笋的氨基酸含量比值模式为谷氨酸/半胱氨酸。

表 2-16　44 种竹笋氨基酸总量（g/kg）

氨基酸编号	氨基酸名称	1	2	3	4	5	6	7	8	9	10
		安吉金竹	版纳甜龙竹	勃氏甜龙竹	车筒竹	撑麻7号	大佛肚竹	大绿竹	大头典竹	大眼竹	吊丝单竹
1	精氨酸（Arg）▲	10.12	11.37	11.95	11.35	9.78	8.46	11.53	7.57	9.69	13.24
2	丝氨酸（Ser）	11.04	7.82	10.82	8.98	6.71	7.01	7.43	5.29	7.39	8.38
3	天冬氨酸（Asp）	68.21	21.80	70.82	24.46	27.66	49.53	38.51	20.02	26.73	27.76
4	谷氨酸（Glu）	39.85	30.51	26.81	27.26	27.06	23.93	24.62	27.43	28.09	33.98
5	甘氨酸（Gly）	7.53	9.70	10.81	10.00	8.19	8.01	8.67	6.59	7.66	10.07
6	苏氨酸（Thr）★	7.27	7.79	9.06	8.67	6.12	6.58	7.65	3.35	7.38	8.16
7	丙氨酸（Ala）	10.31	14.16	5.44	19.26	12.18	11.14	14.09	11.70	13.00	15.47
8	脯氨酸（Pro）	6.45	8.44	8.86	9.22	7.40	6.35	8.02	6.37	7.92	9.09
9	甲硫氨酸（Met）★	1.01	1.44	0.77	1.60	1.10	0.45	0.90	0.52	0.78	1.50
10	组氨酸（His）▲	5.70	3.56	6.04	3.78	2.86	3.24	1.99	3.04	1.25	3.82
11	缬氨酸（Val）★	11.51	12.30	13.26	12.75	10.61	10.29	11.27	8.88	10.10	12.92
12	半胱氨酸（Cys）	1.39	0.81	1.49	1.33	0.96	1.07	0.87	0.99	1.06	1.23
13	苯丙氨酸（Phe）★	8.18	7.85	8.95	8.71	7.05	6.84	7.74	5.71	6.83	8.87
14	亮氨酸（Leu）★	10.23	14.31	14.30	15.72	11.66	10.38	12.86	9.62	12.45	14.65
15	异亮氨酸（Ile）★	6.17	8.28	8.05	8.36	6.82	6.18	7.03	5.61	6.50	8.56
16	赖氨酸（Lys）★	10.00	9.15	11.88	7.22	7.95	8.14	10.56	7.07	6.75	10.35
17	酪氨酸（Tyr）	12.87	2.77	8.33	3.51	5.34	6.16	8.93	7.14	4.83	5.08
TAA	总氨基酸含量	227.84	172.06	227.64	182.18	159.44	173.76	182.67	136.90	158.41	193.09
EAA	必需氨基酸总含量	70.19	76.05	84.26	78.16	63.94	60.56	71.53	51.37	61.73	82.06
NEAA	非必需氨基酸总含量	157.65	96.01	143.38	104.02	95.50	113.20	111.14	85.53	96.68	111.03
EAA / TAA（%）	必需氨基酸/总氨基酸（%）	30.81	44.20	37.01	42.90	40.10	34.85	39.16	37.52	38.97	42.50
EAA / NEAA（%）	必需氨基酸/非必需氨基酸（%）	44.52	79.21	58.77	75.14	66.96	53.50	64.36	60.06	63.85	73.90

（续表）

氨基酸编号	11 东帝汶黑竹	12 橄榄竹	13 刚竹	14 黑巨草竹	15 黑甜龙竹	16 红壳绿竹	17 花眉竹	18 黄槽刚竹	19 黄金间碧玉竹	20 黄皮刚竹	21 黄甜竹	22 角竹
1	10.95	13.00	8.10	10.42	13.48	8.51	11.84	7.78	11.79	10.27	11.44	10.63
2	9.23	9.23	14.16	7.84	10.40	5.58	8.97	13.23	8.83	13.07	9.47	11.06
3	46.49	30.71	77.59	26.74	29.00	16.82	37.81	84.41	31.05	90.99	63.22	79.47
4	28.64	33.24	34.18	24.22	33.44	36.98	29.04	32.65	26.79	35.03	23.36	33.75
5	9.46	9.05	7.90	7.94	10.78	7.43	9.62	6.38	9.68	9.09	8.18	6.59
6	9.17	8.24	7.71	7.90	10.00	4.56	9.03	6.66	8.94	8.47	7.65	7.06
7	13.48	12.59	12.73	11.49	14.57	12.55	20.75	10.19	19.52	13.15	11.57	10.55
8	9.05	8.77	6.56	7.96	10.99	5.99	9.37	5.84	9.10	7.38	6.99	6.53
9	1.41	1.06	1.53	0.96	1.82	1.54	1.55	1.06	1.48	1.16	0.39	0.00
10	5.29	3.63	4.25	2.13	3.19	3.04	3.71	5.27	3.86	6.40	3.72	5.12
11	11.63	13.27	20.35	10.83	13.69	9.91	12.85	17.59	12.46	21.68	11.90	11.81
12	1.33	1.42	1.50	1.17	1.47	0.93	1.38	1.61	1.28	1.75	1.18	1.52
13	8.07	9.25	7.03	7.60	9.39	7.66	8.67	6.18	8.65	8.29	8.03	6.38
14	14.64	14.07	10.41	13.30	17.41	11.28	15.63	9.04	15.45	12.12	11.57	10.00
15	7.54	8.39	15.49	7.11	9.04	6.94	8.29	12.83	8.23	17.25	6.79	7.87
16	9.21	13.55	7.84	7.42	10.82	9.41	8.82	7.76	8.60	11.19	10.55	8.96
17	6.10	25.79	4.94	6.22	9.16	7.77	4.06	7.48	6.91	11.72	7.73	6.40
TAA	201.69	215.26	242.27	161.25	208.65	156.90	201.39	235.96	192.62	279.01	203.74	223.70
EAA	77.91	84.46	82.71	67.67	88.84	62.85	80.39	74.17	79.46	96.83	72.04	67.83
NEAA	123.78	130.80	159.56	93.58	119.81	94.05	121.00	161.79	113.16	182.18	131.70	155.87
EAA/TAA(%)	38.63	39.24	34.14	41.97	42.58	40.06	39.92	31.43	41.25	34.70	35.36	30.32
EAA/NEAA(%)	62.94	64.57	51.84	72.31	74.15	66.83	66.44	45.84	70.22	53.15	54.70	43.52

（续表）

氨基酸编号	23	24	25	26	27	28	29	30	31	32	33
	巨龙竹	梁山慈竹	绿竹	麻竹	马甲竹	马来甜龙竹	毛金竹	米筛竹	牛儿竹	青竿竹	少穗竹
1	9.17	13.25	8.97	7.55	10.23	7.13	12.96	9.45	8.59	10.89	10.27
2	6.60	6.34	9.04	6.34	7.57	5.47	11.56	7.12	5.53	8.21	7.77
3	25.15	28.19	24.38	22.03	24.80	17.06	57.17	24.59	20.76	26.43	93.38
4	26.80	34.22	26.47	18.55	25.24	18.77	43.11	25.72	25.32	29.33	29.41
5	7.98	8.06	7.02	6.81	7.83	6.09	9.51	7.77	6.36	8.41	8.21
6	6.10	6.42	3.06	2.45	7.74	3.88	8.58	6.43	3.25	8.32	7.20
7	14.48	16.73	14.05	10.20	12.86	9.38	15.02	17.30	11.46	11.60	13.42
8	7.56	8.45	5.64	4.52	8.51	5.78	8.72	7.91	6.09	8.51	7.10
9	0.90	1.12	0.62	0.69	1.18	0.82	1.51	1.06	0.72	1.15	0.92
10	3.25	4.65	3.44	2.68	2.73	2.28	5.44	2.16	2.43	3.54	5.53
11	10.87	12.06	10.50	10.66	10.56	8.93	15.13	10.40	9.31	11.30	10.97
12	1.06	1.15	1.55	2.67	1.08	0.90	1.48	1.17	0.88	1.14	0.92
13	7.01	7.31	6.40	6.04	7.29	5.70	9.23	6.83	6.02	7.62	8.36
14	12.19	12.66	12.08	11.92	13.26	10.51	13.63	12.52	10.89	14.10	11.02
15	7.30	7.52	6.54	5.86	6.84	5.94	8.44	6.93	6.03	7.29	6.62
16	8.74	9.34	7.25	4.23	6.53	5.48	14.35	7.40	5.66	8.94	9.83
17	9.82	4.72	4.01	3.02	4.78	6.31	33.29	6.41	0.00	7.27	7.65
TAA	164.98	182.19	151.02	126.22	159.03	120.43	269.13	161.12	129.30	174.05	238.58
EAA	65.53	74.33	58.86	52.08	66.36	50.67	89.27	63.16	52.90	73.15	70.72
NEAA	99.45	107.86	92.16	74.14	92.67	69.76	179.86	97.96	76.40	100.90	167.86
EAA / TAA(%)	39.72	40.80	38.97	41.26	41.73	42.07	33.17	39.20	40.91	42.03	29.64
EAA / NEAA(%)	65.89	68.91	63.87	70.25	71.61	72.63	49.63	64.47	69.24	72.50	42.13

（续表）

氨基酸编号	34	35	36	37	38	39	40	41	42	43	44
	石角竹	寿竹	四季竹	苏麻竹	台湾桂竹	泰竹	乌芽竹	乡土竹	云南龙竹	长毛米筛竹	壮绿竹
1	12.11	7.25	7.84	8.63	10.28	10.25	15.50	10.79	7.60	8.51	10.56
2	9.19	10.20	9.00	5.89	9.73	7.60	13.62	8.46	5.47	6.75	6.52
3	37.33	45.71	38.63	22.71	65.85	34.34	59.95	32.83	31.80	16.40	26.20
4	31.53	33.31	33.01	21.41	36.04	28.26	32.17	26.03	22.65	20.03	22.00
5	9.90	5.39	6.71	7.36	7.04	8.56	10.55	9.60	7.34	6.67	7.81
6	9.45	5.31	6.23	4.62	7.97	7.61	9.54	8.87	4.77	3.75	5.36
7	20.23	8.89	11.98	10.65	12.70	16.10	13.35	15.80	14.10	11.37	13.74
8	9.96	5.07	6.10	6.88	6.39	8.42	7.22	8.95	6.75	6.53	7.16
9	1.35	1.09	0.73	0.87	1.13	1.10	2.10	1.39	0.68	0.65	0.91
10	4.73	1.93	3.93	3.12	3.81	3.76	1.80	4.65	3.64	2.78	3.98
11	13.19	13.60	13.99	8.97	15.73	11.18	12.47	12.46	10.20	9.71	10.36
12	1.33	1.31	1.24	1.21	1.42	1.19	1.43	1.44	0.91	0.99	1.19
13	8.90	5.87	5.54	5.83	6.38	6.67	5.89	8.30	5.91	6.33	6.43
14	15.93	7.90	8.85	10.56	10.71	12.60	10.45	14.85	10.66	11.20	11.78
15	8.60	11.76	11.26	5.85	11.17	6.91	6.36	7.94	6.46	6.53	6.57
16	9.22	5.76	6.75	7.43	10.29	7.23	16.05	8.29	7.47	7.41	7.21
17	5.19	3.84	4.54	7.67	20.73	3.32	10.87	7.83	4.71	11.53	8.45
TAA	208.14	174.19	176.33	139.66	237.37	175.10	229.32	188.48	151.12	137.14	156.23
EAA	83.48	60.47	65.12	55.88	77.47	67.31	80.16	77.54	57.39	56.87	63.16
NEAA	124.66	113.72	111.21	83.78	159.90	107.79	149.16	110.94	93.73	80.27	93.07
EAA / TAA(%)	40.11	34.71	36.93	40.01	32.64	38.44	34.96	41.14	37.98	41.47	40.43
EAA / NEAA(%)	66.97	53.17	58.56	66.70	48.45	62.45	53.74	69.89	61.23	70.85	67.86

注:(1)以上数据均为新鲜竹笋的营养成分含量;(2)样品含量为3次试验平均值;(3)标★为必需氨基酸,标▲为半必需氨基酸;(4)EAA包含半必需氨基酸含量。

2. 竹笋中必需氨基酸含量的比较研究

必需氨基酸指的是人体自身不能合成或合成速度不能满足人体需要,必须从食物中摄取的氨基酸。人体的必需氨基酸通常为 8 种,即苏氨酸、缬氨酸、赖氨酸、亮氨酸、苯丙氨酸、色氨酸、甲硫氨酸、异亮氨酸。对婴儿来说组氨酸也是必需氨基酸。现有资料表明组氨酸对成人亦属必需氨基酸。

如表 2-16 所示,各竹笋中必需氨基酸含量存在显著差异,总体来说在调查竹种中,丛生型竹笋的必需氨基酸含量少于散生、混生型竹笋。黄皮刚竹的必需氨基酸含量最高,为 96.83 g/kg,而马来甜龙竹竹笋内的必需氨基酸总量为 50.67 g/kg,仅为前者的 52.33%。其次大头典竹、麻竹、牛儿竹等必需氨基酸含量也较低,这与其笋体内总氨基酸较低存在正相关关系。

根据 FAO/WHO 标准,蛋白质比较理想的必需氨基酸(EAA)/总氨基酸(TAA)比值为 40% 左右,必需氨基酸(EAA)/非必需氨基酸(NEAA)比值为 60% 以上(FAO/WHO,1973;FAO/WHO/UNU,1985)。即笋体的营养价值不仅与其必需氨基酸氨基酸含量的绝对值相关,亦与其占总氨基酸含量的相对值有关。试验数据显示,少穗竹的必需氨基酸/总氨基酸比值最低为 29.64%,其次分别是角竹(30.32%)、安吉金竹(30.81%)、黄槽刚竹(31.43%)、台湾桂竹(32.64%),而上述竹种的笋体所含的必需氨基酸总量约 70 g/kg,数值与总体笋重必需氨基酸含量的平均值 70.38 相近。其中,必需氨基酸/总氨基酸比值在 34.14%(刚竹)到 44.20%(版纳甜龙竹)区间的竹种有 38 种,占总调查竹种的86.36%。在调查笋种中,必需氨基酸/非必需氨基酸比值大于 60% 的竹种占 71.43%。其中,角竹的必需氨基酸/非必需氨基酸比值较低,仅为 43.52,这可能与其甲硫氨酸含量未检测出有关。其他必需氨基酸/非必需氨基酸比值稍低的竹种分别是少穗竹、安吉金竹、黄槽刚竹、台湾桂竹、毛金竹等,而这几种竹笋中的总氨基酸含量均在 230 g/kg,远高于均值 186.04 g/kg 的水平,可能说明其某一种或某几种氨基酸含量较高。版纳甜龙竹的必需氨基酸/非必需氨基酸比值高达 79.21%,说明竹笋内的氨基酸分配合理,是人体吸引利用理想的营养食品。

在食物的蛋白质中,按照人体的需要及其比例关系,供给量相对不足的氨基酸称为限制氨基酸,氨基酸中缺乏最多的称为第一限制氨基酸,其限制了机体对其他氨基酸的利用,这些氨基酸决定了食物蛋白质的质量。依据表 2-16 可知,笋体中甲硫氨酸处于较低水平,初步认定为所调查笋体中的第一限制氨基酸。而第二限制氨基酸却因竹种的不同,表现各异,多集中在苏氨酸(占 40.9%)、苯丙氨酸(占20.45%)和异亮氨酸(占 36.36%)3 种氨基酸,且与竹种的地下茎类型无相关种类变化关系。

3. 竹笋中呈味氨基酸含量的比较研究

相关研究表明(郑炯,夏季,陈光静,等,2014),鲜味氨基酸包括天冬氨酸和谷氨酸等;甜味氨基酸包括甘氨酸、丙氨酸、脯氨酸、丝氨酸等;苦味类氨基酸一般包括亮氨酸、酪氨酸、缬氨酸、异亮氨酸、苯丙氨酸和色氨酸等。许多植物和微生物可以合成芳香族氨基酸(查锡良,周春燕,2005),芳香族氨基酸中苯丙氨酸、色氨酸属于必需氨基酸,酪氨酸是半必需氨基酸。芳香类氨基酸主要由色氨酸、苯丙氨酸和酪氨酸(李明良,唐翠彬,陈双林,郭子武,等,2015)。

(1)苦味氨基酸含量的比较研究

苦味物质在食品中的应用,通常用来强调其药理及毒理作用(刘晶晶,2006),而苦味成分在食品中是天然存在的,主要包括来源于植物的生物碱、萜类、糖苷类、苦味肽类和某些氨基酸成分,以及来源于动物的胆汁成分、小分子肽等(郝晓霞,2008)。在氨基酸中,R 基较大(碳数>3)并带碱基时,常呈现苦味。苦味氨基酸一般包括:缬氨酸(Val)、苯丙氨酸(Phe)、亮氨酸(Leu)、异亮氨酸(Ile)、酪氨酸(Tyr)和色氨酸(Trp)。

依据试验测定结果(表 2-17)可知,5 种呈苦味氨基酸总含量在笋体中为32.25~79.72 g/kg,调查竹种中有 92.86%竹笋苦味氨基酸在总氨基酸中占比为20%~30%,而散生型的少穗竹和角竹占比较少,马来甜龙竹、橄榄竹和长毛米筛竹占比较高,这与竹种类型间的苦味氨基酸绝对含量相反,丛生型竹种的苦味氨基酸总量均值为44.58%,散生、混生型竹种的苦味氨基酸总量均值为 54.84%,相差近 10 个百分点。

表 2-17　44 种竹笋苦味氨基酸含量及分别占其总氨基酸含量的百分比

序号	占比排序	苦味氨基酸总量(g/kg)	苦味占总比(%)	序号	绝对量排序	苦味氨基酸总量(g/kg)	苦味占总比(%)
1	长毛米筛竹	45.30	33.03	1	毛金竹	79.72	29.62
2	橄榄竹	70.77	32.88	2	黄皮刚竹	71.06	25.47
3	马来甜龙竹	37.39	31.05	3	橄榄竹	70.77	32.88
4	麻竹	37.50	29.71	4	台湾桂竹	64.72	27.27
5	毛金竹	79.72	29.62	5	黑甜龙竹	58.69	28.13
6	巨龙竹	47.19	28.60	6	刚竹	58.22	24.03
7	黑甜龙竹	58.69	28.13	7	黄槽刚竹	53.12	22.51
8	黑巨草竹	45.06	27.94	8	勃氏甜龙竹	52.89	23.23
9	壮绿竹	43.59	27.90	9	石角竹	51.81	24.89

续表

序号	占比排序	苦味氨基酸总量（g/kg）	苦味占总比（%）	序号	绝对量排序	苦味氨基酸总量(g/kg)	苦味占总比（%）
10	苏麻竹	38.88	27.84	10	黄金间碧玉竹	51.70	26.84
11	红壳绿竹	43.56	27.76	11	乡土竹	51.38	27.26
12	青竿竹	47.58	27.34	12	吊丝单竹	50.08	25.93
13	台湾桂竹	64.72	27.27	13	花眉竹	49.50	24.58
14	乡土竹	51.38	27.26	14	车筒竹	49.05	26.92
15	大头典竹	36.96	27.00	15	安吉金竹	48.96	21.49
16	车筒竹	49.05	26.92	16	东帝汶黑竹	47.98	23.79
17	马甲竹	42.73	26.87	17	大绿竹	47.83	26.18
18	黄金间碧玉竹	51.70	26.84	18	青竿竹	47.58	27.34
19	米筛竹	43.07	26.73	19	巨龙竹	47.19	28.60
20	版纳甜龙竹	45.51	26.45	20	乌芽竹	46.04	20.08
21	大绿竹	47.83	26.18	21	黄甜竹	46.02	22.59
22	绿竹	39.53	26.18	22	版纳甜龙竹	45.51	26.45
23	撑麻7号	41.48	26.02	23	长毛米筛竹	45.30	33.03
24	吊丝单竹	50.08	25.93	24	黑巨草竹	45.06	27.94
25	大眼竹	40.71	25.70	25	少穗竹	44.62	18.70
26	黄皮刚竹	71.06	25.47	26	梁山慈竹	44.27	24.30
27	云南龙竹	37.94	25.11	27	四季竹	44.18	25.06
28	四季竹	44.18	25.06	28	壮绿竹	43.59	27.90
29	牛儿竹	32.25	24.94	29	红壳绿竹	43.56	27.76
30	石角竹	51.81	24.89	30	米筛竹	43.07	26.73
31	寿竹	42.97	24.67	31	寿竹	42.97	24.67
32	花眉竹	49.50	24.58	32	马甲竹	42.73	26.87
33	梁山慈竹	44.27	24.30	33	角竹	42.46	18.98
34	刚竹	58.22	24.03	34	撑麻7号	41.48	26.02
35	东帝汶黑竹	47.98	23.79	35	大眼竹	40.71	25.70
36	勃氏甜龙竹	52.89	23.23	36	泰竹	40.68	23.23
37	泰竹	40.68	23.23	37	大佛肚竹	39.85	22.93
38	大佛肚竹	39.85	22.93	38	绿竹	39.53	26.18
39	黄甜竹	46.02	22.59	39	苏麻竹	38.88	27.84

续表

序号	占比排序	苦味氨基酸总量(g/kg)	苦味占总比(%)	序号	绝对量排序	苦味氨基酸总量(g/kg)	苦味占总比(%)
40	黄槽刚竹	53.12	22.51	40	云南龙竹	37.94	25.11
42	乌芽竹	46.04	20.08	42	马来甜龙竹	37.39	31.05
43	角竹	42.46	18.98	43	大头典	36.96	27.00
44	少穗竹	44.62	18.70	44	牛儿竹	32.25	24.94
	均值	47.61	25.86		均值	47.61	25.86

（2）甜味氨基酸含量的比较研究

当氨基酸中的 R 基较小（碳数≤3）并带中性亲水基团时，一般以甜味占优，如丝氨酸（Ser）、甘氨酸（Gly）、苏氨酸（Thr）、丙氨酸（Ala）、脯氨酸（Pro）等。

根据表 2-18 可知，甜味氨基酸含量在 30.32~58.73 g/kg 浮动，其绝对含量与竹种地下茎类型相关性不大，但与竹笋中总氨基酸含量的相对比值却显现出严格的相关关系，即散生、混生型竹笋甜味氨基酸含量占总氨基酸含量比例较低，而丛生型竹笋甜味氨基酸占总比例普遍偏高。

表 2-18 44 种竹笋甜味氨基酸含量及分别占其总氨基酸含量的百分比

序号	占比排序	甜味氨基酸总量(g/kg)	甜味占总比(%)	序号	绝对量排序	甜味氨基酸总量(g/kg)	甜味占总比(%)
1	车筒竹	56.13	30.81	1	石角竹	58.73	28.22
2	黄金间碧玉竹	56.07	29.11	2	花眉竹	57.74	28.67
3	米筛竹	46.52	28.87	3	黑甜龙竹	56.74	27.19
4	花眉竹	57.74	28.67	4	车筒竹	56.13	30.81
5	石角竹	58.73	28.22	5	黄金间碧玉竹	56.07	29.11
6	马甲竹	44.51	27.99	6	乌芽竹	54.28	23.67
7	版纳甜龙竹	47.91	27.84	7	毛金竹	53.39	19.84
8	泰竹	48.29	27.58	8	乡土竹	51.68	27.42
9	乡土竹	51.68	27.42	9	黄皮刚竹	51.16	18.34
10	大眼竹	43.35	27.37	10	吊丝单竹	51.15	26.49
11	黑甜龙竹	56.74	27.19	11	东帝汶黑竹	50.39	24.98
12	黑巨草竹	43.13	26.75	12	刚竹	49.06	20.25

续表

序号	占比排序	甜味氨基酸总量(g/kg)	甜味占总比（%）	序号	绝对量排序	甜味氨基酸总量(g/kg)	甜味占总比（%）
13	吊丝单竹	51.15	26.49	13	泰竹	48.29	27.58
14	壮绿竹	40.59	25.98	14	版纳甜龙竹	47.91	27.84
15	巨龙竹	42.72	25.89	15	橄榄竹	47.88	22.24
16	青竿竹	45.05	25.88	16	米筛竹	46.52	28.87
17	绿竹	38.81	25.70	17	梁山慈竹	46.00	25.25
18	长毛米筛竹	35.07	25.57	18	大绿竹	45.86	25.11
19	撑麻7号	40.595	25.46	19	青竿竹	45.05	25.88
20	云南龙竹	38.43	25.43	20	勃氏甜龙竹	44.99	19.76
21	马来甜龙竹	30.60	25.41	21	马甲竹	44.51	27.99
22	苏麻竹	35.40	25.35	22	黄甜竹	43.86	21.53
23	牛儿竹	32.69	25.28	23	台湾桂竹	43.83	18.46
24	梁山慈竹	46.00	25.25	24	少穗竹	43.7	18.32
25	大绿竹	45.86	25.11	25	大眼竹	43.35	27.37
26	东帝汶黑竹	50.39	24.98	26	黑巨草竹	43.13	26.75
27	大头典竹	33.3	24.32	27	巨龙竹	42.72	25.89
28	麻竹	30.32	24.02	28	安吉金竹	42.60	18.70
29	乌芽竹	54.28	23.67	29	黄槽刚竹	42.30	17.9 3
30	红壳绿竹	36.11	23.01	30	角竹	41.79	18.68
31	四季竹	40.02	22.70	31	撑麻7号	40.60	25.46
32	大佛肚竹	39.09	22.50	32	壮绿竹	40.59	25.98
33	橄榄竹	47.88	22.24	33	四季竹	40.02	22.70
34	黄甜竹	43.86	21.53	34	大佛肚竹	39.09	22.50
35	刚竹	49.06	20.25	35	绿竹	38.81	25.70
36	寿竹	34.86	20.01	36	云南龙竹	38.43	25.43
37	毛金竹	53.39	19.84	37	红壳绿竹	36.11	23.01
38	勃氏甜龙竹	44.99	19.76	38	苏麻竹	35.4	25.35
39	安吉金竹	42.6	18.70	39	长毛米筛竹	35.07	25.57
40	角竹	41.79	18.68	40	寿竹	34.86	20.01
42	黄皮刚竹	51.16	18.34	42	牛儿竹	32.69	25.28
43	少穗竹	43.70	18.32	43	马来甜龙竹	30.60	25.41
44	黄槽刚竹	42.30	17.93	44	麻竹	30.32	24.02
	均值	44.47	24.32		均值	44.47	24.32

注：(1)以上数据均为新鲜竹笋的营养成分含量；(2)样品含量为3次试验平均值。

（3）鲜味氨基酸含量的比较研究

鲜味是一种复杂的综合味感,重要的鲜味氨基酸有天冬氨酸（Asp）、谷氨酸（Glu）等。在试验检测竹种中（见表 2-19）,鲜味氨基酸含量差异显著,其中,含量最高的黄皮刚竹为 126.02 g/kg,而马来甜龙竹的鲜味氨基酸总含量仅为 35.83 g/kg,相差 3.5 倍有余,总体来说,其含量呈现出明显的与竹种地下茎类型相关的特点,散生竹＞混生竹＞丛生竹。丛生型竹鲜味氨基酸含量均值为 56.17 g/kg,散生、混生型竹鲜味氨基酸含量均值为 106.23 g/kg。笋体中鲜味氨基酸占总氨基酸含量的比值也呈相应的变化趋势,即丛生竹占比少,散生竹占比多。

表 2-19　44 种竹笋鲜味氨基酸含量及分别占其总氨基酸含量的百分比

序号	占比排序	鲜味氨基酸总量(g/kg)	鲜味占总比(%)	序号	绝对量排序	鲜味氨基酸总量(g/kg)	鲜味占总比(%)
1	少穗竹	122.79	51.47	1	黄皮刚竹	126.02	45.17
2	角竹	113.22	50.61	2	少穗竹	122.79	51.47
3	黄槽刚竹	117.06	49.61	3	黄槽刚竹	117.06	49.61
4	安吉金竹	108.06	47.43	4	角竹	113.22	50.61
5	刚竹	111.77	46.13	5	刚竹	111.77	46.13
6	寿竹	79.02	45.36	6	安吉金竹	108.06	47.43
7	黄皮刚竹	126.02	45.17	7	台湾桂竹	101.89	42.92
8	台湾桂竹	101.89	42.92	8	毛金竹	100.28	37.26
9	勃氏甜龙竹	97.63	42.89	9	勃氏甜龙竹	97.63	42.89
10	黄甜竹	86.58	42.50	10	乌芽竹	92.12	40.17
11	大佛肚竹	73.46	42.28	11	黄甜竹	86.58	42.50
12	四季竹	71.64	40.63	12	寿竹	79.02	45.36
13	乌芽竹	92.12	40.17	13	东帝汶黑竹	75.13	37.25
14	毛金竹	100.28	37.26	14	大佛肚竹	73.46	42.28
15	东帝汶黑竹	75.13	37.25	15	四季竹	71.64	40.63
16	云南龙竹	54.45	36.03	16	石角竹	68.86	33.08
17	泰竹	62.60	35.75	17	花眉竹	66.85	33.19
18	牛儿竹	46.08	35.64	18	橄榄竹	63.95	29.71
19	大头典竹	47.45	34.66	19	大绿竹	63.13	34.56

续表

序号	占比排序	鲜味氨基酸总量(g/kg)	鲜味占总比(%)	序号	绝对量排序	鲜味氨基酸总量(g/kg)	鲜味占总比(%)
20	大眼竹	54.82	34.61	20	泰竹	62.6	35.75
21	大绿竹	63.13	34.56	21	黑甜龙竹	62.44	29.93
22	撑麻7号	54.72	34.32	22	梁山慈竹	62.41	34.26
23	红壳绿竹	53.80	34.29	23	吊丝单竹	61.73	31.97
24	梁山慈竹	62.41	34.26	24	乡土竹	58.86	31.23
25	绿竹	50.85	33.67	25	黄金间碧玉竹	57.84	30.03
26	花眉竹	66.85	33.19	26	青竿竹	55.76	32.04
27	石角竹	68.86	33.08	27	大眼竹	54.82	34.61
28	麻竹	40.58	32.15	28	撑麻7号	54.72	34.32
29	青竿竹	55.76	32.04	29	云南龙竹	54.45	36.03
30	吊丝单竹	61.73	31.97	30	红壳绿竹	53.80	34.29
31	黑巨草竹	50.96	31.60	31	版纳甜龙竹	52.31	30.40
32	苏麻竹	44.12	31.59	32	巨龙竹	51.95	31.49
33	巨龙竹	51.95	31.49	33	车筒竹	51.72	28.39
34	马甲竹	50.04	31.47	34	黑巨草竹	50.96	31.60
35	乡土竹	58.86	31.23	35	绿竹	50.85	33.67
36	米筛竹	50.30	31.22	36	米筛竹	50.30	31.22
37	壮绿竹	48.20	30.85	37	马甲竹	50.04	31.47
38	版纳甜龙竹	52.31	30.40	38	壮绿竹	48.20	30.85
39	黄金间碧玉竹	57.84	30.03	39	大头典竹	47.45	34.66
40	黑甜龙竹	62.44	29.93	40	牛儿竹	46.08	35.64
42	橄榄竹	63.95	29.71	42	麻竹	40.58	32.15
43	车筒竹	51.72	28.39	43	长毛米筛竹	36.43	26.56
44	长毛米筛竹	36.43	26.56	44	马来甜龙竹	35.83	29.75
	均值	68.99	36.28		均值	68.99	36.28

(4)芳香类氨基酸含量的比较研究

芳香类氨基酸是一类含有芳香环的 α-氨基酸,如苯丙氨酸(Phe)、酪氨酸(Tyr)、色氨酸(Trp)以及甲状腺素(Thy)。由表 2-20 可以看出,芳香类氨基酸总含量差异较大,其中,牛儿竹为 6.02 g/kg,而毛金竹则含 42.52 g/kg,相差 7 倍有余,且含量变化与竹种地下茎类型未呈现出相关变化趋势,与总氨基酸含量的相对比值情况略同。

表 2-20　44 种竹笋芳香类氨基酸含量及分别占其总氨基酸含量的百分比

序号	占比排序	芳香类氨基酸总量(g/kg)	芳香类占总比(%)	序号	绝对量排序	芳香类氨基酸总量(g/kg)	芳香类占总比(%)
1	橄榄竹	35.04	16.28	1	毛金竹	42.52	15.80
2	毛金竹	42.52	15.80	2	橄榄竹	35.04	16.28
3	长毛米筛竹	17.86	13.02	3	台湾桂竹	27.11	11.42
4	台湾桂竹	27.11	11.42	4	安吉金竹	21.05	9.24
5	巨龙竹	16.83	10.20	5	黄皮刚竹	20.01	7.17
6	马来甜龙竹	12.01	9.97	6	黑甜龙竹	18.55	8.89
7	红壳绿竹	15.43	9.83	7	长毛米筛竹	17.86	13.02
8	苏麻竹	13.50	9.67	8	勃氏甜龙竹	17.28	7.59
9	壮绿竹	14.88	9.52	9	巨龙竹	16.83	10.20
10	大头典竹	12.85	9.39	10	乌芽竹	16.76	7.31
11	安吉金竹	21.05	9.24	11	大绿竹	16.67	9.13
12	大绿竹	16.67	9.13	12	乡土竹	16.13	8.56
13	黑甜龙竹	18.55	8.89	13	少穗竹	16.01	6.71
14	黑巨草竹	13.82	8.57	14	黄甜竹	15.76	7.74
15	乡土竹	16.13	8.56	15	黄金间碧玉竹	15.56	8.08
16	青竿竹	14.89	8.56	16	红壳绿竹	15.43	9.83
17	米筛竹	13.23	8.21	17	青竿竹	14.89	8.56
18	黄金间碧玉竹	15.56	8.08	18	壮绿竹	14.88	9.52
19	撑麻 7 号	12.39	7.77	19	东帝汶黑竹	14.17	7.03
20	黄甜竹	15.76	7.74	20	石角竹	14.09	6.77
21	勃氏甜龙竹	17.28	7.59	21	吊丝单竹	13.95	7.22
22	马甲竹	12.07	7.59	22	黑巨草竹	13.82	8.57
23	大佛肚竹	13.00	7.48	23	黄槽刚竹	13.66	5.79
24	大眼竹	11.66	7.36	24	苏麻竹	13.5	9.67
25	乌芽竹	16.76	7.31	25	米筛竹	13.23	8.21

续表

序号	占比排序	芳香类氨基酸总量（g/kg）	芳香类占总比（%）	序号	绝对量排序	芳香类氨基酸总量（g/kg）	芳香类占总比（%）
26	吊丝单竹	13.95	7.22	26	大佛肚竹	13.00	7.48
27	麻竹	9.06	7.18	27	大头典竹	12.85	9.39
28	黄皮刚竹	20.01	7.17	28	角竹	12.78	5.71
29	云南龙竹	10.62	7.03	29	花眉竹	12.73	6.32
30	东帝汶黑竹	14.17	7.03	30	撑麻 7 号	12.39	7.77
31	绿竹	10.41	6.89	31	车筒竹	12.22	6.71
32	石角竹	14.09	6.77	32	马甲竹	12.07	7.59
33	少穗竹	16.01	6.71	33	梁山慈竹	12.03	6.60
34	车筒竹	12.22	6.71	34	马来甜龙竹	12.01	9.97
35	梁山慈竹	12.03	6.60	35	刚竹	11.97	4.94
36	花眉竹	12.73	6.32	36	大眼竹	11.66	7.36
37	版纳甜龙竹	10.62	6.17	37	云南龙竹	10.62	7.03
38	黄槽刚竹	13.66	5.79	38	版纳甜龙竹	10.62	6.17
39	四季竹	10.08	5.72	39	绿竹	10.41	6.89
40	角竹	12.78	5.71	40	四季竹	10.08	5.72
42	寿竹	9.71	5.57	42	寿竹	9.71	5.57
43	刚竹	11.97	4.94	43	麻竹	9.06	7.18
44	牛儿竹	6.02	4.66	44	牛儿竹	6.02	4.66
	均值	15.16	8.12		均值	15.16	8.12

第3章 笋用竹周年供笋模式的研究

　　竹笋生长在少污染、低残毒的自然环境中，素有"寒士山珍"之称，是我国传统名菜。它味美可口，营养丰富，具有保健功能，是一种深受现代人追捧的绿色健康食品，在国内外拥有广阔的市场。近年，我国竹笋生产规模、栽培技术、经营手段发展非常迅速。但纵观新发展竹区的产笋状况，普遍存在着品种单调，鲜品供应时间过于集中，季节供应旺淡不均等状况，制约了城镇居民的消费需求。而周年供笋技术的研究，可使生产者周年上市笋产品，消费者全年不断地食到鲜笋（鲜笋不耐保存）及加工产品。它具有惠及种植竹农、城乡居民和加工企业的良好社会效益、经济效益。周年供笋模式是指通过竹种筛选配置、促成栽培及保鲜加工技术的研究，使生产者周年向市场提供笋产品的物种配置模型和配套技术措施。其中心环节为收获期周年相衔接的系列产品生产（金川等，1992）。至今国内除金川等（1992）对浙江周年供笋模式进行初步研究；张玲菊等（1999年）对宁波市周年供笋技术进行一些研究外，其他地方（包括福建地区）的相关研究未见文献报道。

　　本研究通过对该区域，特别是闽南地区竹类植物汇集的华安竹种园、厦门市园林植物园以及闽侯青芳竹种园笋用竹的分类调查，测定竹种的产笋历时，分析竹笋的营养含量及食用品质，初步筛选适宜该区域栽植的竹笋用于构建周年供笋模式。周年供笋的研究以原产品种的生产规模和市场销售现状为基础，结合特定竹种，加强栽培技术管理的针对性，以期达到周年上市笋产品，消费者可全年食用不同品种鲜笋和笋制品。

3.1　笋用竹周年供笋的出笋期研究

本研究根据方伟等(2015)对优良笋用竹的评判标准,即竹笋的营养成分和口感、笋芽分化率、出笋期的早晚和持续时间、可食率及其他加工条件,结合本书 2.3 研究结果,初步筛选出适合该区域的 69 种周年供笋模式拟推荐竹种。在初步筛选的 69 种周年供笋模式拟推荐竹种中(表 3-1),丛生竹型竹种仅占 42%,但丛生竹出笋期历时较长,基本持续出笋时间为 2~4 个月,且多为闽南地区 6~10 月的夏、秋季节供笋,是该地区笋用竹主要推广品种。毛竹作为散生竹,其冬笋、春笋和鞭笋的产笋模式,几乎可达周年供笋要求,是周年供笋的重要竹种。散生、混生竹的作用亦不可或缺,基本填补冬季和早春的供笋空白。拟推荐竹种中,雷竹和早园竹出笋期较早,从元旦起竹笋便开始萌发。而四季竹是所有筛选竹种中笋期最长竹种,笋期长达 181 d,从丛生竹笋未萌出的 4 月开始出笋,直至 10 月与大量丛生竹笋一同结束出笋期。

表 3-1　闽南地区笋用竹出笋期观察研究

属名	序号	竹种中名	出笋期												笋味	历时/d
			1	2	3	4	5	6	7	8	9	10	11	12		
			上中下	上中下	上中下	上中下	上中下	上中下	上中下	上中下	上中下	上中下	上中下	上中下		
牡竹属	1	云南龙竹													甜	97
	3	麻版1号													甜	87
	4	龙竹													苦	89
	5	清甜竹													甜	87
	6	梁山慈竹													微甜	100
	7	苏麻竹													苦	64
	8	马来麻竹													苦	64
	10	花吊丝竹													微甜	91
	11	麻竹													甜	99
	12	美浓麻竹													甜	97
	13	歪脚龙竹													苦	61
	14	马来甜龙竹													微苦	89
	15	版纳甜龙竹													微甜	61
	16	勃氏甜龙竹													甜	97

续表

属名	序号	竹种中名	出笋期	笋味	历时/d
绿竹属	17	吊丝单竹	6—10月	甜	121
	18	大头典竹	6—9月	苦	99
	19	绿竹	6—8月	甜	62
	20	黄麻竹	6—9月	微苦	88
	21	白绿竹	6—9月	甜	89
	22	苦绿竹	7—9月	甜	87
	23	大绿竹	6—9月	中等苦	114
簕竹属	29	撑版1号竹	5—8月	甜	85
	31	吊丝球竹	3—5月	甜	48
	40	青皮竹	6—9月	微甜	109
	41	撑麻7号	7—9月	淡	84
泰竹属	49	大泰竹	7—9月	微甜	81
单竹属	50	木薁竹（大木竹）	6—9月	微苦	102
巨竹属	55	毛笋竹	7—8月	苦	62
	57	花巨竹	6—8月	微苦	86
酸竹属	60	福建酸竹	3—4月	微甜	54
	61	黄甜竹	3—4月	甜	54
少穗竹属	62	少穗竹	3—4月	苦	50
短穗竹属	63	短穗竹	3—4月	淡	44
业平竹属	64	业平竹	3—4月	淡	44
	65	中华业平竹	3—4月	淡	44
四季竹属	66	四季竹	4—12月	微苦	181

续表

属名	序号	竹种中名	出笋期	笋味	历时/d
刚竹属	69	毛竹-冬笋	11下—12	淡	89
	70	毛竹-春笋	3—4	淡	41
	73	绿槽毛竹	3—4	淡	41
	74	高节竹	3—4	微甜	55
	75	红哺鸡竹	3—4	微甜	46
	76	乌哺鸡竹	3—4	微甜	32
	77	花哺鸡竹	3—4	微甜	34
	78	白哺鸡竹	3—4	甜	32
	79	角竹	5	淡	43
	80	早园竹	3	微甜	15
	81	淡竹	3—4	淡	36
	82	石竹	5	淡	23
	83	紫竹	4—5	淡	25
	84	篌竹	5	微甜	21
	85	耶儿竹	5—6	微甜	31
	86	乌芽竹	4—5	微甜	42
	87	毛金竹	3—4	微甜	42
	90	人面竹	4	淡	17
	92	安吉金竹	3—4	淡	39
	93	浙江淡竹	3—4	淡涩	39
	94	雷竹（覆盖栽培）	1—6	微甜	31
	95	雷竹	2—3	微甜	47
	96	金竹	6	微苦	27
	97	刚竹	5—6	微苦	36
	98	早竹	3—5	微苦	51
	99	台湾桂竹	5—6	淡	36
	100	桂竹	4—5	微涩	52
	101	斑竹	4—5	淡	35
	102	黄槽竹	5	淡	15

续表

属名	序号	竹种中名	出笋期																																			笋味	历时/d
			1			2			3			4			5			6			7			8			9			10			11			12				
			上	中	下	上	中	下	上	中	下	上	中	下	上	中	下	上	中	下	上	中	下	上	中	下	上	中	下	上	中	下	上	中	下	上	中	下		
苦竹属	105	斑苦竹											▬	▬	▬																								苦	36
大节竹属	109	算盘竹								▬	▬	▬																											微甜	32
	110	摆竹					▬	▬	▬																														苦	30
	111	橄榄竹							▬	▬	▬	▬	▬	▬																									苦	50

注：表中序号与表 2-2 相同。

3.2　笋用竹周年供笋的产量特性

本项目调查竹种中，该区域市售鲜笋品种有 24 种，以刚竹属在售种类最为丰富。就产量来看，本项目把产量划分为一般产量区间和最高潜力产量。以产量较高的麻竹为例，一般产量是 15000～22500 kg/hm²，最高产量可达 45000 kg/hm²。在福建地区，同样高产的笋用竹还有绿竹、毛竹、青皮竹等；而石竹、紫竹、篌竹的产量相对较少，一般产量是 2250～3000 kg/hm²，最高产量可达 7500 kg/hm²；水竹产量最少，一般产量是 1500～2250 kg/hm²，最高产量可达 3750 kg/hm²。

3.3　优良笋用竹竹种选择的量化评价指标体系

目前国内对优良笋用竹的评判标准有学者进行了定性研究。方伟等（2015）认为优良笋用竹的评判标准为：

（1）竹笋的营养成分和口感，这是优良笋用竹种评选的首要条件。

（2）笋芽数量和笋芽分化率，这个特征决定了竹笋的产量。

（3）出笋期的早晚和持续时间，影响鲜笋市场价格和供应时期。

（4）单株笋质量、可食部分得率及其他加工条件，决定该竹笋可加工产品的种类和档次。

但是对于优良笋用竹竹种选择的量化评价指标未见研究报道，本研究根据本项目研究成果、相关文献资料和生产生活实际，从竹笋口感、出笋期、营养成分状况（氨基酸含量)、出笋持续时间、产量和可食率等方面建立了优良笋用竹竹种选择的量化的评价指标体系(陈松河等,2018)(见表3-2)。

表 3-2　优良笋用竹竹种选择的量化评价指标体系

序号	评价指标	评价指标分项及分值				
1	口感	甜	微甜	淡	微苦(涩)	苦(涩)
	分值	10	8	6	4	2
2	出笋期(月)	11月、12月、1月	2月、3月	4月、5月、6月	7月、8月	9月、10月
	分值	10	8	5	5	6
3A	EAA/TAA(%)	≥40	40~30	30~20	20~10	≤10
	分值	5	4	3	2	1
3B	EAA/NEAA(%)	≥70	70~60	60~50	50~40	≤40
	分值	5	4	3	2	1
4A	出笋持续时间(天)(丛生竹)	≥100	100~80	80~60	60~40	≤40
	分值	10	8	6	4	2
4B	出笋持续时间(天)(散生或混生竹)	≥50	50~40	40~30	30~20	≤20
	分值	10	8	6	4	2
5	产量(kg/hm²)	≥2.0万	2.0万~1.5万	1.5万~1.0万	1.0万~0.5万	≤0.5万
	分值	10	8	6	4	2
6	可食率(%)	≥60	60~50	50~40	40~30	≤30
	分值	10	8	6	4	2

注:EAA 代表"必需氨基酸含量",TAA 代表"氨基酸总含量",NEAA 代表"非必需氨基酸含量"。

优良笋用竹竹种选择的评价指标体系说明:

1. 竹笋的口感评价

该指标分值的确定由经过培训的相关人员参照国家标准和相关规范(GB/T 12312-2012)对各竹种竹笋的口味进行评定打分统计测算,区分口味共计设置甜、微甜、淡、微苦(涩)、苦(涩)5个梯度,对应相应的分值。笋用竹的口感对实际生活中竹笋食用时的取舍关系非常大,故列为第一指标。

2. 出笋期评价

观察并详细记录试验地竹笋出笋的起始日和终止日。该指标主要指的是竹笋出笋的起始时间(与上市时间、市场售价等密切相关),考虑到每年11月、12月、1月为竹笋出笋的淡季,该档设置的分值最高;其次是2月、3月;4—5月为散生竹、混生竹出笋旺季,竹种较多,可供选择的余地较大,故该档分值较低;同理,6—9月为不少丛生竹发笋旺季,故该档次分值也较低;而9—10月,丛生竹发笋即将进入末期,产量渐少,故该档次分值给予适当提高。

3. 营养成分评价

测定各笋用竹氨基酸含量,统计各竹笋的总氨基酸(TAA)、必需氨基酸(EAA)和非必需氨基酸(NEAA)含量。氨基酸含量是反映食品营养成分高低的非常重要的指标。根据FAO/WHO标准,蛋白质比较理想的必需氨基酸(EAA)/总氨基酸(TAA)比值为40%左右,必需氨基酸(EAA)/非必需氨基酸(NEAA)比值为60%以上(FAO/WHO,1973;FAO/WHO/UNU,1985),该指标的设置即以此为依据进行分值的设置。

4. 出笋持续时间评价

观察并详细记录试验地竹笋从开始出笋到笋期结束持续的时间。考虑到丛生竹与散生竹(含部分混生竹)出笋时间和持续天数存在较大的差异,为使评价结果更加客观,该指标将其分开评价,但该项总分值是一样的。

5. 产量评价

统计各竹种竹笋整个笋期的总产量。产量对笋用竹的选择及规模化生产后效益影响较大,故本体系将其列入评价。

6. 可食率评价

剥除笋壳,去除竹笋不可食用部分,统计各竹种竹笋的可食率。不同竹笋的可食率有差异,该指标对竹笋的加工利用等影响较大,故本体系也将其列入。

3.4 笋用竹周年供笋竹种的配置

按照3.3建立的"优良笋用竹竹种选择的量化评价指标体系",本研究根据第2章对笋用竹竹笋的营养成分分析、笋味、竹笋产量,特别是出笋时间早晚及持续时间、供应时期、利用情况、推广应用前景等的调查研究结果,以及相关笋用竹研究文献资料和生产生活实际,对各笋用竹种进行综合评价打分,得分在43分(满分为60分)以上的

20 种竹种可作为该区域周年供笋模式中拟优先配置的竹种(表 3-3,表 3-4)。

表 3-3　20 种优选笋用竹竹种的评价

序号	竹种中文名	学名	口感分值	出笋期(月)分值	EAA/TAA(%)分值	EAA/NEAA(%)分值	出笋持续时间(天)(丛生竹)分值	出笋持续时间(天)(散生或混生竹)分值	产量(kg/hm²)分值	可食率(%)分值	总分
1	麻竹	*Dendrocalamus latiflorus*	10	5	5	5	10		10	8	53
2	麻版 1 号	*Dendrocalamus latiflorus*× *Dendrocalamus hamiltonii* No. 1	10	5	5	5	8		10	8	51
3	吊丝单竹	*Dendrocalamopsis vario-striata*	10	5	5	5	10		8	8	51
4	梁山慈竹	*Dendrocalamus farinosus*	8	5	5	4	10		10	8	50
5	毛竹	*Phyllostachys edulis*	6	10	4	3		10	10	6	49
6	雷竹	*Phyllostachys praecox* 'Prevernnalis'	8	10	4	3		10	6	8	49
7	黄甜竹	*Acidoasa edulis*	10	8	4	3		10	6	8	49
8	云南龙竹	*Dendrocalamus yunnanicus*	10	5	4	4	8		10	8	49
9	绿竹	*Dendrocalamopsis oldhami*	10	5	4	4	10		8	8	49
10	清甜竹	*Dendrocalamus sapidus*	10	5	5	5	8		8	8	49
11	勃氏甜龙竹	*Dendrocalamus brandisii*	10	5	4	3	8		10	8	48
12	福建酸竹	*Acidoasa longiligula*	8	8	4	3		10	6	8	47
13	版纳甜龙竹	*Dendrocalamus hamiltonii*	8	5	5	5	6		10	8	47
14	高节竹	*Phyllostachys prominens*	8	8	4	2		10	6	8	46
15	红竹	*Phyllostachys iridescens*	8	8	4	3		8	6	8	45
16	白哺鸡竹	*Phyllostachys dulcis*	10	8	4	3		6	6	8	45
17	毛金竹	*Phyllostachys nigra* var. *henonis*	8	8	4	3		8	6	8	45
18	花吊丝竹	*Dendrocalamus minor* var. *amoenus*	8	5	4	3	8		8	8	44
19	乌哺鸡竹	*Phyllostachys vivax*	8	8	4	3		6	6	8	43
20	花哺鸡竹	*Phyllostachys glabrata*	8	8	4	3		6	6	8	43

表 3-4　优良笋用竹周年供笋模式配置的竹种

月份	当月出笋且品质较好的竹种	当月推荐配置的竹种
1	毛竹(冬笋)、雷竹(需要人工促成栽培措施)	毛竹(冬笋)、雷竹(需要人工促成栽培措施)
2	雷竹(需要人工促成栽培措施)、毛竹(冬笋)	雷竹、毛竹(冬笋)
3	雷竹(需要人工促成栽培措施)、毛竹(春笋)、早竹、福建酸竹、黄甜竹、短穗竹、高节竹、红哺鸡竹、乌哺鸡竹、花哺鸡竹、白哺鸡竹、淡竹、乌芽竹、毛金竹、橄榄竹	雷竹、毛竹(春笋)、福建酸竹、黄甜竹、高节竹、红哺鸡竹、乌哺鸡竹、花哺鸡竹、白哺鸡竹、毛金竹
4	福建酸竹、黄甜竹、少穗竹、短穗竹、毛竹(春笋)、绿槽毛竹、高节竹、红哺鸡竹、乌哺鸡竹、花哺鸡竹、白哺鸡竹、早园竹、淡竹、紫竹、乌芽竹、毛金竹、人面、安吉金竹、浙江淡竹、雷竹、桂竹、黄槽竹、橄榄竹	福建酸竹、黄甜竹、毛竹(春笋)、高节竹、红哺鸡竹、乌哺鸡竹、花哺鸡竹、白哺鸡竹、毛金竹、雷竹
5	福建酸竹、黄甜竹、少穗竹、短穗竹、角竹、石竹、紫竹、篌竹、水竹、乌芽竹、毛金竹、人面、安吉金竹、浙江淡竹、雷竹、刚竹、台湾桂竹、桂竹、斑竹、黄槽竹	福建酸竹、黄甜竹、毛金竹、雷竹
6	云南龙竹、麻版1号、梁山慈竹、花吊丝竹、马来甜龙竹、勃氏甜龙竹、吊丝单竹、大头典竹、麻竹、绿竹、吊丝球竹、撑麻7号、大木竹、角竹、金竹、刚竹	云南龙竹、麻版1号、花吊丝竹、勃氏甜龙竹、吊丝单竹、麻竹、绿竹
7	云南龙竹、麻版1号、龙竹、清甜竹、梁山慈竹、苏麻竹、马来麻竹、花吊丝竹、麻竹、美浓麻竹、歪脚龙竹、马来甜龙竹、版纳甜龙竹、勃氏甜龙竹、吊丝单竹、大头典竹、绿竹、黄麻竹、白绿竹、苦绿竹、大绿竹、撑版1号、吊丝球竹、青皮竹、撑麻7号、大泰竹、大木竹、花巨竹	云南龙竹、麻版1号、清甜竹、花吊丝竹、麻竹、版纳甜龙竹、勃氏甜龙竹、吊丝单竹、绿竹
8	云南龙竹、麻版1号、龙竹、清甜竹、梁山慈竹、苏麻竹、马来麻竹、花吊丝竹、麻竹、美浓麻竹、歪脚龙竹、马来甜龙竹、版纳甜龙竹、勃氏甜龙竹、吊丝单竹、大头典竹、绿竹、黄麻竹、白绿竹、苦绿竹、大绿竹、撑版1号、吊丝球竹、青皮竹、撑麻7号、大泰竹、大木竹、毛笋竹、花巨竹	云南龙竹、麻版1号、清甜竹、花吊丝竹、麻竹、版纳甜龙竹、勃氏甜龙竹、吊丝单竹、绿竹
9	云南龙竹、麻版1号、龙竹、清甜竹、梁山慈竹、花吊丝竹、麻竹、绿竹、美浓麻竹、马来甜龙竹、勃氏甜龙竹、吊丝单竹、大头典竹、黄麻竹、白绿竹、苦绿竹、大绿竹、撑版1号、青皮竹、撑麻7号、大泰竹、大木竹、毛笋竹、花巨竹	云南龙竹、麻版1号、清甜竹、花吊丝竹、麻竹、绿竹、勃氏甜龙竹、吊丝单竹、大头典竹、白绿竹、大木竹
10	云南龙竹、麻版1号、龙竹、清甜竹、梁山慈竹、花吊丝竹、麻竹、美浓麻竹、马来甜龙竹、勃氏甜龙竹、吊丝单竹、大头典竹、黄麻竹、白绿竹、大绿竹、青皮竹、撑麻7号、大泰竹、大木竹、毛笋竹、花巨竹	云南龙竹、麻版1号、清甜竹、梁山慈竹、花吊丝竹、麻竹、勃氏甜龙竹、吊丝单竹
11	毛竹(冬笋)、雷竹(需要人工促成栽培措施)	毛竹(冬笋)、雷竹(需要人工促成栽培措施)
12	毛竹(冬笋)、雷竹(需要人工促成栽培措施)	毛竹(冬笋)、雷竹(需要人工促成栽培措施)

需要说明的是,表 3-2 评价指标体系以及表 3-4 配置的竹种在实际应用中应具体情况具体分析。

首先,评价对象的生长环境及采取的培育技术措施等应该尽量一致(特殊情况除外,如雷竹在 1 月前出笋需采用促成栽培技术),以使得量化测定的相应指标值更科学。

其次,优良笋用竹周年供笋模式配置的竹种只是建议优先配置的供参考的竹种,并不是绝对和一成不变的。一则其时间的划分是相对的,特别是相邻月份间竹种并没有特别明显的界限,期间是有交叉,如福建酸竹,3 月、4 月、5 月份均可出笋,不是限定在某个月,具体应用时可以其出笋盛期为主;二则有些竹笋品质十分优良,如方竹属的方竹、刺黑竹等(笋期在 8—10 月)以及刚竹属的台湾桂竹(笋期在 5—6月)等在实际生产中可考虑配置种植,故每月可食用的竹种不应局限于表中所列,各地在具体实践时可根据实际情况适当调整。

第4章　笋用竹培育技术要点

> 竹子是一种多年生植物，非草非木，其生长发育与一般的树种不同。它只有初生生长，没有次生生长，即一次性长大成形，以后不会再增粗长高。笋用竹林的抚育管理的目的在于提高竹林群体光能的利用率，一方面是改善竹林的环境条件，为竹林生长创造良好的温、光、水、气、肥等环境条件；另一方面通过调整竹林结构，使之充分利用环境资源。笋用竹作为福建省的一个重要经济作物，影响其产量的因素较多，要想提高福建省笋用竹种植的整体产量，笋用竹的培育应根据栽植地的自然地理气候条件，因地制宜，采取综合的科学技术措施，如调整竹林结构，改善环境条件等，以达到优产、丰产的目的。

4.1　笋用竹种植时间、种植地和种植方法

4.1.1　种植时间

笋用竹在种植过程中应该根据环境温度和湿度合理选择种植时间。福建地处中亚热带至南亚热带，水热资源丰富，气候条件适宜竹笋的生长。笋用竹在种植过程中喜欢温暖潮湿的环境，对周围环境的湿度有严格的要求。因此，总体而言，在水分管理良好的条件下，福建地区除出笋期、大暑前后和严寒季节外，其余季节都可栽植。但以清明前后 10 d 为最佳，此时土壤温度已回升，正值多雨季节，种后成活率高，在此环境下种植能够获得较好的效果。

尽管如此，但在种植时间的选择上，也要有所侧重。首先，竹笋种植时间应尽量保证种植期和成熟期在一个自然年份内。如果竹笋跨年生长，冬季的气温低于夏

季,会影响竹笋的产量。其次,竹笋的种植时间选择应做到科学合理。既要考虑到竹笋的生长周期,也要考虑气候因素对竹笋产量的影响(翁国安,2014)。

4.1.2　种植地和种植方法

在竹笋种植过程中,除了要把握好正确的种植时间之外,科学的种植方法也是提高竹笋整体产量的重要因素。结合福建省的气候因素,以及竹笋对种植环境和种植方法的要求,在福建省竹笋种植过程中,可采取以下方法(翁国安,2014;廖国华,2018):

1.选择排水良好、土层深厚肥沃的沙土或沙壤土为好。一般株行距 5 m×5 m,每 667 m² 种 30 株左右,在溪河两岸平坦肥沃地种植,株行距可适当大一些;丘陵坡地株行距则应小些。填土疏松的地方,不需开大穴栽;土质对竹笋种植的影响因素较大,因此,只有选择肥力较强的土壤,并控制好竹笋的种植间距,才能保证竹笋种植过程的科学性和合理性,为提高竹笋的整体产量提供有力保证。

2.如在硬地种植,要先行垦荒挖大穴(深宽为 70 cm×60 cm),每穴施足腐熟有机肥 15 kg 后栽植,种植深度比竹苗原入土处深 3～5 cm。有时遇到土质坚硬地形,需要先对土地进行开挖之后才能进行种植。为了弥补土壤肥力不足的缺点,需要在竹笋种植过程中进行必要的施肥,并加深种植深度,保证土壤满足竹笋种植需要。

3.新竹移植后,如遇久旱无雨,必须勤加灌溉,促进竹笋生长。7 月份可施淡人粪尿 1 次或株施尿素 50 g,每株施经过腐熟的有机肥 10～15 kg。由于竹笋是喜水的植物,因此在竹笋种植过程中,需要定期进行灌溉,保证竹笋在生长周期中有足够的水。除此之外,定期施肥也是提高竹笋整体产量的重要措施。

4.2　丛生型笋用竹培育技术措施和方法

丛生型笋用竹培育技术措施包括:竹林的抚育管理、采笋留母和竹林删伐更新。各项管理措施的具体方法应严格执行,以保证竹笋的持续优质、丰产。

4.2.1　抚育管理

(一)扒土晒目

扒土晒目(又称献开)是每年年初(2 月底至 3 月中旬)将每丛竹的表土挖开,暴露竹蔸和笋芽,让所有的笋目都能够接受阳光照射的一种处理。目的是利用光照增加温度,刺激笋目萌动,提早出笋和增加笋产量。具体方法是将堆拥在竹丛根际的泥土,自外而内,环状挖开,深度 15～20 cm,边挖边查定分蘖体的位置,有分蘖体的地方必须进一步清理乱根,割除缠绕在笋芽上的须根,使笋芽的发育免受束缚。尽量做到暴露所有含苞待发的笋芽。

（二）施肥

施肥是保证竹笋产量提高的重要措施。由于土壤中的肥料不足以供给竹笋的生长,因此定期进行施肥是满足竹笋种植需要的重要措施。春季施肥,可结合培土进行根际施肥,促进发笋。每丛(10～12 株竹)均匀撒施腐熟有机肥 40 kg、茶饼 1 kg、复合肥 0.7 kg,每隔 15 d 左右施用一次,施肥量、施肥次数也可视条件而定。如施用化肥,其肥料组成为氮∶磷∶钾＝5∶4∶3。无论何种肥料均应采用环状施肥法,即离竹株中心 1 m 周围,掘深约 10 cm 的浅沟,将肥料均匀撒在沟中。夏季施肥与培笋、笋穴、锄杂(锄去竹丛四周杂草)处理相结合。冬季施肥常与中耕除草相结合。

（三）培土

由于竹笋生长迅速,培土是保证土壤覆盖的重要方法。扒开的竹丛,其笋芽一般为黄褐色,呈扁圆状。使用春肥后,随着气温的升高,笋芽生长凸起,形成一个小笋,并有裂缝出现猪肝色的内籜时,即可进行培土,覆盖笋芽。方法是将扒开的土壤,重新覆盖在正在萌发或尚未萌发的笋芽上。使萌动的笋芽在无光黑暗的土壤环境中生长,以培养纤维幼嫩、笋体充实、个体粗壮丰满的竹笋。培土深度,视丛生竹生长情况而定,长势强则深培,以尾目加土 30 cm 为宜,过深土温易低,抑制笋目萌发;长势弱易浅。

封土前结合笋穴施肥,即夏季施肥。挖笋期间,可连续在笋穴施肥 1～2 次基肥。此外,也可在竹丛周围掘沟或在发笋竹旁打洞,以施灌肥水,切记勿靠近竹蔸或直接接触笋芽,以免影响笋芽生长,但可使根系接触肥水以利吸收。夏季施肥频次以长势而定,无特殊要求,但寒露以后立即停止施用。夏肥可促进笋目萌发,培育新笋头发生"二水笋",提高竹笋质量,加强新留母竹的生长发育。

（四）笋穴处理

培土以后 4～5 月间,有一部分笋芽已充分成熟,可开始割笋。割笋留下的笋穴应立即封土,避免长期裸露对笋头和笋目造成不良影响。值得注意的是 6—7 月间割笋留下的笋穴,因伤口竹液分泌旺盛,常呈黏液状态,需短期暴露伤口 5～7 d,待伤口干燥方可封土。依照气候条件,通常伤口水液已凝固略呈干燥时即可封土。封土时，往往会引起伤口腐烂，而蔓延其他笋目，影响笋芽的正常生长。

（五）灌溉

常规水源浇灌。割笋期间，如遇 6～7 d 无雨，应及时浇水，保持土壤湿润，以保证竹笋高产。

4.2.2　采笋留母

（一）竹笋采收

1. 采收标准

竹笋采割时间以笋即破土、笋末端小叶呈"喜鹊尾"分杈时采收为宜。如竹笋末端检直则尚未成熟，宜覆土遮盖；竹笋生长过浅，则随时注意加土覆盖竹面，保持品质。

2. 割笋方法

根据竹丛地面有龟裂痕或沿竹枝枝条直下方向找笋。先将土扒开，挖除竹笋周围土壤，达到一定深度，使笋裸露后用笋刀割断。割笋时，齐切笋基部，留 1～3 对笋目，坚持做到"割近留远、割密留稀"。切割位置的断面尽量保持与分蘖节平行，要从基部全部切除，不可越节，不宜斜向，还要留够笋目，保证余留笋芽的正常生长发育。

对于疏生的笋芽，可将正面刀口对准割断位置自外向内压切，并用力一拉即可切断；对于密生的笋芽，用尖刀按割断位置插入，然后用正面刀口反时针方向推转一刀，同时反面刀口顺时针方向拉转一刀，如此反复推拉数刀即可切断，切断口通常与水平面成斜形，切口断面呈椭圆状。

（二）母竹留养

留母竹的芽位尽量保持在基目笋芽；靠近母竹的笋均可采收，保持各竹适当的距离，一般应为 30～50 cm；留母竹时间在发笋中期，合理采割，不误新竹留养。

4.2.3　留母及删伐更新

竹丛通过留养和删伐，使竹丛保持合理的密度和年龄组成，保证竹林持续丰产。留母竹和删伐根据竹种生长特性而存在差别。

4.2.4　竹林更新

随着竹丛生长年龄增长，产量逐渐降低，出笋推迟，品质下降，竹丛衰老，但竹丛衰老的进程随竹种不同而有区别。

4.2.5 栽培实例

(一)绿竹属"绿矮脚"竹栽培技术要点

不甚耐寒,适宜南亚热带地区种植,中亚热带地区南缘常有受冻,不宜过分北移。要求年平均气温 18~22 ℃,1月平均气温 8~12 ℃,极端低温可耐－5 ℃达1~3 d,一般－4.5~0 ℃短时低温不会受冻。在中亚热带种植需在秋季施1次钾肥,以增加抗寒能力。年降水量要求在 1400 mm 以上,相对湿度 75％以上。造林地海拔高度宜在 500 m 以下,山地、平原、溪河两岸(可耐短期水淹),冲积地均可种植,但以富含腐殖土,土壤质地疏松,pH 4.5~7.0 为佳(陈松河等,2018)。

竹竿 分枝

竹叶 竹笋

图 4-1 "绿矮脚"竹

（二）牡竹属"矮脚麻"竹栽培技术要点

不耐寒，宜在南亚热带地区栽种。喜温暖湿润气候，根系发达，抗逆性强，适应性广，适宜于海拔 300 m 以下、年均气温 16～22 ℃、最低温度不低于－4 ℃，全年无霜或霜期极短，年降水量 1 400～1 800 mm 地区栽植。宜选择土层深厚、水肥条件好、腐殖质含量高、质地疏松的酸性或微酸性土壤。造林密度以每公顷 400～500 株（丛）为宜。丰产林竹笋产量高，消耗的养分多，每年需施肥 2～3 次，春季（2 月或 3 月初）施肥以有机肥为主，另两次追肥时间以出笋初期和盛期为宜，以速效化肥为主。竹笋要适时采收，一般在笋尖破土时就可采收（陈松河等，2018）。

竹竿 分枝

竹叶 竹笋

图 4-2 "矮脚麻"竹

4.3 散生型笋用竹培育技术措施和方法

散生竹林主要是单轴型地下茎形成的竹林,地下茎逐渐延伸生长,在每个结节生芽,向地生长为竹鞭;向上生长发育为笋,出土成竹,竹秆在地面呈散生。这种鞭生鞭,鞭生竹的繁衍是其无性繁殖的特征。

4.3.1 立地选择及造林

笋用竹宜选址在土层厚度 50 cm 以上,地下水位 1 m 左右,土壤 pH 呈酸性(pH=4.5~7.0),水分条件良好,背风向阳,坡度平缓的(<20°)的山谷或坡地。

母竹造林宜选用小母竹,以毛竹为例,应选择直径 3~5 cm 的 2~4 年生健壮竹株作母竹。沿着母竹竹枝生长的方向找到来鞭和去鞭,从来鞭 30 cm 处和去鞭 70 cm 处切断,连竹蔸带竹鞭一起挖出,再将竹鞘切断,仅留 2~3 盘竹叶,也有的只留秆长 30 cm 左右(称根株移植法),最后将母竹根蔸部包扎好,运往造林地种植。经验证明,采用 1~2 年生的实生苗造林效果良好,因为此时竹丛尚未长成竹鞭,起苗、分苗受伤少,造林后恢复生长快,而且竹苗体积小、重量轻,更便于运输和栽植。

4.3.2 竹林管理

(一)水分管理

竹林四季常青,要求水分较多,全年都需要水分供应,因此要根据竹子"春发笋,夏行鞭,秋孕笋,冬休眠"的规律进行合理灌溉。一般初春以后浇促笋水,可起到促进发笋的作用;竹笋出土后浇拔节水,促进竹笋迅速生长,并减少退笋;夏季浇行鞭水,以促进竹鞭大量生长;秋季浇孕笋水,为笋芽和鞭芽发育创造有利条件;入冬浇封冻水,起到保温防冻、保笋保竹的作用。

(二)合理施肥

俗话说"竹靠肥长",适时合理施肥是保证竹林健康生长的有效措施。迟效性的有机肥如腐熟的有机肥、塘泥、堆肥、绿肥和饼肥等,宜在秋冬季节结合深挖抚育时,开沟后挖穴施放,每亩施 2000~3000 kg;饼肥每亩施 50 kg 左右,速效性化肥如尿素、硫酸铵等宜在幼竹个竹鞭生长时期施放,每亩施 10 kg 左右。散生竹一般是在幼竹生长时期(3—5 月)或竹鞭生长旺盛期(7—8 月)施肥,以便及时供应幼竹和竹鞭生长需要。施肥时在距竹丛或新竹 20 cm 处先开挖深约 10 cm 的环状沟,撒施肥料后覆土。

(三)垦复

垦复的目的是疏松土壤,改良土壤的物理性状,促进土壤有机质和矿物质的分解,改善土壤肥力条件。在垦复深翻的同时,挖除竹林内的"三头"(石头、竹蔸头、树桩头)和老竹鞭,创造有利于鞭根生长发育的良好环境。垦复在低产林分改造中效果尤为明显,垦复后林地竹鞭节间长度大幅增加。垦复深度与壮鞭数呈正相关,毛竹竹鞭段的数量以垦复土层 45 cm 最多,垦复深度小于 15 cm 则易产生浮鞭,垦复对鞭茎粗度无显著影响。笋用林一般留母竹较少,林内阳光充足,易生杂草,应及时清理。培育笋用竹的关键技术是苗田管理,福建省竹农有一谚语:"育苗别无巧,勤耕细管水肥饱。"

竹子地下鞭系固定土壤的能力很强,但不分季节频繁垦复或垦复深度不够,易造成竹林地表土流失和竹鞭系向表土层聚集分布,这是竹林地力退化的原因之一。

(四)挖笋与养竹

合理、适时地挖掘鞭笋,能解除附近侧芽的休眠,萌发支鞭,增加竹鞭总量。

封园养竹,即在竹林出笋期间要严禁人员和牲畜进入林内,注意防治病虫害,禁止挖笋(退笋则要及时挖除)和乱砍滥伐。

4.3.3　毛竹笋用竹培育技术要点

毛竹既产春笋,也产冬笋,夏、秋季节还产鞭笋,而冬笋和鞭笋味道鲜美,是实现周年供笋的节点性产出笋类。国内有关毛竹丰产培育技术研究文献资料很多(本书不再赘述),根据栽培经验,主要培育方法为:

1. 留笋养竹

适当提高竹林密度,每 1000 m^2 立竹数约 200 株,且一半应为当年留养新竹。因为立竹数较多、青壮龄竹比例高,竹笋产量有所增加。

2. 深翻培土

产笋大年深翻两次,即年初、年中各一次;小年深翻是挖去竹蔸和老竹鞭,拣净石块,竹株低洼处填土,防止积水烂鞭,每年取土加盖竹林。

3. 施肥

每年挖冬笋、鞭笋时,结合深耕与施有机肥,每 1000 m^2 施 7500 kg。鞭梢未旺伸前,开沟施积肥,有利于诱发鞭芽成笋。

4. 套种

夏季作物产量较高时,在竹林间隙套种南瓜、西瓜和药材等,以耕代抚。

5. 挖笋清鞭

挖除"关门鞭";"梅鞭"以埋为主,挖为辅;"伏鞭"以挖为主,埋为辅。清明前的春笋,全部挖除;选择清明至谷雨期生长势强的笋,留作母竹,后期笋全部挖除。鞭笋产量占全年产笋量的 20% 左右。挖掘鞭笋,去除顶端优势,促进侧芽分化萌动。鞭笋梢顶向上斜伸,在竹林地面见有隆起或裂纹,即可挖笋。

4.4 混生型笋用竹培育技术措施和方法

混生竹兼有散生竹和丛生竹的生长特性,既有横走于地下的竹鞭,又有密集丛生的竹丛。混生竹的竹鞭形态特征和生长特征与散生竹竹鞭基本相同,但节间细长,鞭根较少,横切面圆形,生芽则无沟槽,鞭上侧芽可抽新笋,亦可发笋长竹。

4.4.1 造林方法

混生竹的生长繁殖特性介于散生竹和丛生竹之间,可参照散生竹的母竹移植造林方法,以春季为宜。选生长健壮无病虫害的 1～2 年生母竹,以 2～3 株为 1 蔸,适当带土,留枝 3～4 档,切除竹梢。株行距 3～4 m。也可参照丛生竹的母竹移植、埋秆、埋节的方法育苗。

4.4.2 抚育管理

混生竹的抚育管理措施与散生竹基本相同。笋用竹林的主要目的是,提高竹林群体的光能利用率,因此改善竹林的生长条件,充分利用环境资源是抚育技术的重点。

4.4.3 合理砍伐

采伐季节对竹林影响较大,出笋期间切忌砍伐老竹,否则会引起退笋或形成节密而尖削度很大的"哭娘竹"。春、夏季竹子生长旺盛,因伐竹伤流较大、易受虫蛀,而不宜进行采伐;秋末和冬季竹子生理活动缓慢,竹林处于休眠状态,竹子体内营养物质由竹秆转贮到竹鞭中,此时砍伐伤流较小,对竹林影响不大,适宜采伐。

竹林采伐前,首先应确定砍伐的竹株,标明记号,然后进行砍伐。确定采伐竹株,除根据采伐年龄外,还要考虑竹林的分布情况、竹子的生长情况和病虫害的为害情况等。

散生竹和混生竹伐倒后,要把竹蔸劈成几片,或打通竹蔸的竹隔,以加速其腐烂,或采用挖竹蔸的办法,排除竹林地下系统抽鞭发芽的障碍,增加土壤的肥力和竹林生长的有效面积。

第5章 笋用竹种类

福建地处中亚热带至南亚热带,由于其优越的自然地理条件,非常适合竹类植物的生长,从散生竹、混生竹至丛生竹在该区域不同地方均有良好的表现。长期以来,福建人民就有种竹吃笋的习惯,尤以食用毛竹笋、绿竹笋和麻竹笋为最常见,故该地区这三种竹笋的产量最高,消费量最大。近年来,以华安竹种园、厦门市园林植物园、永安市大湖竹种园、闽侯青芳竹种园等为代表的专类竹园,从国内外大量引种栽培新优竹类植物,并开展相关科学研究工作,许多优良的笋用竹种得到推广应用,极大地丰富了该区域的食用竹笋种类。有关福建优良笋用竹竹种的相关研究,文献不少。如郑郁善等(1998)对毛竹出笋退笋规律进行研究;陈松河(2001)对黄甜竹笋期生长规律进行研究;廖国华(2018)研究了福建省竹笋资源开发利用及笋用竹丰产培育技术,推荐了15种福建省优良笋用竹种;叶德生等(2003)对闽北优良笋用散混生竹种进行初步选择;陈松河等(2018)研究了少穗竹、四季竹和5种牡竹属笋用竹竹笋的营养成分,等等。本章根据相关文献以及作者研究成果,除重点介绍用于福建省周年供笋配置的优良笋用竹种(5.1～5.20)外,也介绍部分具开发推广潜力的优良笋用竹种(5.21～5.39)。

5.1 麻竹(*Dendrocalamus latiflorus*)

笋味鲜美,为优良笋用竹竹种。笋体圆锥形,长 20～30 cm,径 10～15 cm,重 1500～4000 g。笋肉较马蹄笋稍粗,含水量多,鲜嫩可口。笋体形大肉厚,节腔分化不明显,近实心,可食率 60%。最宜整形切片,是制作笋罐头的好原料。麻竹在闽南

地区的笋期为 7 月初至 10 月上旬。竹笋产量高是其特色,一般单产 15000 kg/hm²,
潜力产量可达 45000 kg/hm²。

麻竹的主要优良品种也有两个:

一是粉麻(别称高脚麻)(*Dendrocalamus latiflorus* 'Gaojiaoma'),该竹竿高
15 m 以上,胸径达 8 cm 以上,节间长可达 35～45 cm,侧枝排列较有序,叶质也较薄
而柔,出笋比矮脚麻晚半个月,也早半个月停止,笋体大,出笋量较集中于大暑前后。

二是四州仔(别称矮脚麻)(*Dendrocalamus latiflorus* 'Aijiaoma'),该竹为大型丛
生竹种。竿高 12 m 以下,胸径 8 cm 以下,节间短于 30 cm,从第 5 或第 6 节开始分枝,
短气根节位在 1～3 节;枝条的排列较有序。叶片大,叶质薄而柔。5 月上旬即出笋,单
笋质量 1～3 kg,小暑、大暑、立秋是出笋最多时节,立冬前后停止,漳州南部有时小雪
甚至大雪还有个别出笋。笋体较小,肉质脆嫩,味鲜美,营养丰富。南亚热带地区丰产
林的每年笋产量可达 15000 kg/hm²,中亚热带地区可达 10500 kg/hm²,该竹在闽南
地区常见作为笋用栽培应用(陈松河等,2018)。

图 5-1　"矮脚麻"竹(左:竹丛;右:竹笋)

5.2 麻版 1 号
(*Dendorcalamus latiflorus* × *Dendrocalamus hamiltonii* No. 1)

麻版 1 号为牡竹属麻竹(*Dendorcalamus latiflorus* Munro)和版纳甜龙竹(*Dendrocalamus hamiltonii* Nees et Arn. ex Munro)杂交培育得到的杂交竹种。该竹为优良鲜食型大型丛生笋用竹种,其鲜笋鲜食品质极佳,营养成分含量较高,笋期长,产量高。据测定,该竹笋脆嫩,含水量达 92.95%,其营养成分(占干物质的百分比)中,蛋白质占 25.09%,脂肪占 1.34%,总糖占 35.81,蛋白质氨基酸总含量 16.91%,人体必需氨基酸总含量占 6.57%(王裕霞等,2005)。该竹生长适应性较强、较抗寒,在闽南地区推广种植潜力大。

5.3 吊丝单竹(*Dendrocalamopsis vario-striata*)

笋体呈锥形,长 25~30 cm,径 10~12 cm,重约 750 g,可食率 57%。早期笋无节近实心,笋肉嫩脆鲜甜,品质优良。闽南地区笋期 6 月初至 10 月上旬。竹笋一般产量 11250 kg/hm²,潜力产量 22500 kg/hm²。竹种特性与绿竹具相似性,都是优良夏秋笋用竹。据测定,该竹笋含水量达 90.89%,灰分含量 1.077%,蛋白质含量 1.642%,粗脂肪含量 0.7%,粗纤维含量 1.045%,总氨基酸含量达 193.09 mg/g;必需和半必需氨基酸总含量达 82.06 mg/g。

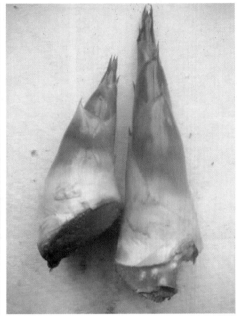

图 5-2　吊丝单竹(左:笋丛;右:竹笋)

5.4　梁山慈竹(*Dendrocalamus farinosus*)

梁山慈竹为优良的笋用丛生竹种。产于四川、贵州、云南、广西。福建华安竹种园有引栽。该竹在闽南地区笋期为 6 月下旬至 10 月上旬,其笋壳鲜食,笋味微甜,含水量 88.23%,灰分含量 0.438%,蛋白质含量 1.492%,粗脂肪含量 1.083%,粗纤维含量 0.953%,总氨基酸含量达 182.19 mg/g;必需和半必需氨基酸总含量达 74.33 mg/g。

5.5　毛竹(*Phyllostachys edulis*)

冬笋白黄色,被黄棕色茸毛,春笋箨壳革质,被褐色毛斑块。笋圆锥形,笋长 25 cm 左右,基部直径 15 cm,单株笋重约 1.5～2.5 kg。笋肉白色,可食部分占 53.7%,笋味中等,口感脆嫩。冬笋笋期 12 月至来年 2 月,春笋笋期 3—4 月,二者可衔接,笋期历时共计 130 d 左右。竹笋一般产量 7500 kg/hm²,潜力产量 37500 kg/hm²。毛竹是周年供笋模式中不可或缺的优良笋用竹。

毛竹春笋　　　　　　　　　　　　毛竹冬笋

图 5-3　毛竹竹笋

5.6　雷竹(*Phyllostachys praecox* 'Prevernnalis')

因早春打雷即出笋而得名雷笋,是中国特有的笋用竹种。竹笋粗壮,肉质白色,甘甜清脆。笋呈锥形,先端尖至钝尖,笋长 20～30 cm,基部直径 3.0 cm,单株笋重250～500 g,可食率为 61.5%。笋期为 1—2 月,需覆盖栽培,是早春主要笋种。

图 5-4　雷竹笋(覆盖栽培)

图 5-5 雷竹笋（自然出笋）

5.7 黄甜竹（*Acidosasa edulis*）

该竹是竹亚科酸竹属竹种，主要分布于福建省福州、闽侯、闽清、古田、连江、永泰、莆田等县市。该竹出笋早，发笋率高，竹笋品质优良，是已知笋中营养成分最为丰富的竹种之一。适宜于山区栽培，而且出笋期在 3 月下旬至 5 月中旬，正是市场蔬菜供应的淡季，因而是一种很有开发潜力的笋用竹种。据测定，该竹笋含水量达93.45%，灰分含量 0.816%，蛋白质含量 2.432%，粗脂肪含量 0.171%，总氨基酸含量达 203.74 mg/g；必需和半必需氨基酸总含量达 72.04 mg/g。

图 5-6 黄甜竹(上:竹林;下:竹笋)

5.8 云南龙竹(*Dendrocalamus yunnanicus*)

该竹为牡竹属大型丛生竹类植物,属暖热性喜温怕寒竹种。分布于中国云南东南部和中部,越南也有分布。福建华安竹种园有引栽。该竹笋含水量达90.44%,灰分含量0.445%,蛋白质含量1.601%,粗脂肪含量0.292%,粗纤维含量0.666%,总氨基酸含量达151.12 mg/g;必需和半必需氨基酸总含量达57.39 mg/g。

图 5-7 云南龙竹(左:竹丛;右:竹箨)

5.9 绿竹(*Dendrocalamopsis oldhami*)

绿竹为优良的笋用丛生竹种,笋体形似马蹄,故俗称"马蹄笋"。全国现有绿竹林面积2.8万 hm²,福建1.13万 hm²。闽南地区笋期在6月下旬至8月下旬。笋长约25 cm,径10 cm,重约500 g。笋肉节腔分化不明显,近实心,可食率60%,蒲头占16%,笋壳占24%。笋肉脆嫩,鲜甜可口,营养丰富,制罐、菜食、冷盘均宜。一般产量7500 kg/hm²,潜力产量15000 kg/hm²。

绿竹的主要优良品种有两个：

一是绿高脚（*Dendrocalamopsis oldhami* 'Lugaojiao'），该竹竿高 8～10 m，胸径 6～8 cm，节间长 30～40 cm，枝下高 2.5～3.0 m，出笋期较短，一般秋分或寒露即停止。

二是绿矮脚（*Dendrocalamopsis oldhami* 'Luaijiao'），该竹在闽南地区常见作为笋用栽培应用。该竹为丛生竹种。笋形似马蹄，为优良的笋用竹种。竿高较矮，通常 4.0～6.0 m；胸径较小，4.5～6.0 cm；节间较短，30 cm 以下；分枝较低，枝下高 0.80～1.0 m。出笋持续期较长，一般 5 月下旬，甚至中旬就开始出笋，小暑到大暑之间盛发，10 月上旬至下旬停止。笋歪斜较大，笋体较小，尖削度大。笋品质较好，笋肉细腻，质地脆嫩，营养丰富，蛋白质含量 2.50%，脂肪含量 0.50%，总糖（以葡萄糖计）含量 2.20%，粗纤维含量 0.80%，灰分含量 0.85%，氨基酸总含量 20.15 g/kg，必需氨基酸含量 5.35 g/kg。每年笋产量，南亚热带地区可达 9000 kg/hm²，中亚热带地区可达 7500 kg/hm²。竹材蔑性较差，但可为造纸的原料（陈松河等，2018）。

图 5-8　"绿矮脚"竹笋

5.10　清甜竹（*Dendrocalamus sapidus*）

清甜竹笋营养丰富，口感甚佳，据测定，蛋白质含量高达18.2%（陆明等，1998），远高于麻竹笋、吊丝球竹笋、大头典竹笋、绿竹笋、毛竹冬笋等竹种，是竹类蛋白质含量较高的竹种之一；笋肉脆嫩、清甜，纤维量少，品质优良，笋肉不用漂水是其最大特色。

5.11　勃氏甜龙竹（*Dendrocalamus brandisii*）

勃氏甜龙竹俗称云南甜龙竹、甜竹等，属牡竹属大型丛生竹，是热带或亚热带适生竹种，也是我国云南特有的优质笋材两用竹。笋期 6—10 月，笋体肥大、质脆、香甜可口，可鲜食，营养丰富，为席上佳肴。福建华安竹种园有引栽，生长良好。该竹笋含水量达 92.57％，灰分含量 0.893％，蛋白质含量 1.538％，粗脂肪含量 0.281％，粗纤维含量 0.655％，总氨基酸含量达 227.64 mg/g；必需和半必需氨基酸总含量达 143.38 mg/g。

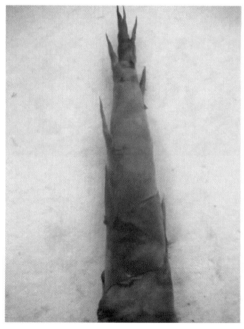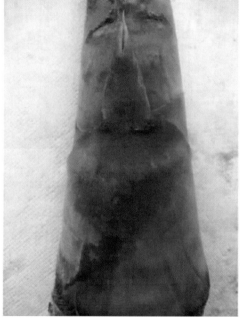

图 5-9　勃氏甜龙竹笋

5.12　福建酸竹（*Acidosasa notata*）

福建酸竹又称甜笋竹，分布于福建南平、顺昌、建瓯、邵武、沙县、华安、闽侯等县，以南平、顺昌为最多。其笋期为 4 月下旬至 5 月下旬，产量高、笋质优良、味甘甜、松脆可口、不含涩味，可直接煮食或生吃。其营养丰富，蛋白质含量高达 3.9 ％，比一般竹笋平均含量(2.89％)高38％。其所含蛋白质水解产生17种氨基酸,其中8种为人体所必需。特别是其钙、磷、铁含量居竹笋之冠,具有低脂肪,多磷钙与富纤维等特点,为一种营养丰富,笋味甘美的优良笋用竹种,具有很大的开发价值。

图 5-10　福建酸竹(左:竹丛;右:竹箨)

5.13　版纳甜龙竹(*Dendrocalamus harniltonii*)

　　版纳甜龙竹是世界上有名的三大甜龙竹之一,是广受欢迎的笋用竹。作为人们喜爱的一种蔬菜食品,其竹笋含水量高,营养丰富。笋体脆爽,风味独特,蛋白质含量高,必需氨基酸含量丰富,粗脂肪含量低,且含有多种矿物质和微量元素。铜、铁、锌的比值比较合理,具有较高的营养价值,属高蛋白、低脂型可食蔬菜资源。福建华安竹种园有引栽,生长良好。据测定,该竹笋含水量达91.66％,灰分含量0.34％,蛋白质含量1.26％,粗脂肪含量0.42％,粗纤维含量0.894％,总氨基酸含量达172.06 mg/g;必需和半必需氨基酸总含量达76.05 mg/g。

图 5-11　版纳甜龙竹(左:竹丛;右:竹笋)

5.14　高节竹(*Phyllostachys prominens*)

高节竹笋,别名羊角笋、黄露头。竹节明显隆起,竹笋呈锥形。笋长约 27 cm,基部直径5 cm,单株笋重 250～300 g,笋体大者可达 2 kg。笋肉白色,质脆、味鲜,可食率为 56.9%。闽南地区 3—4 月出笋,笋期约 60 d 左右。竹笋一般产量 15000 kg/hm²,潜力产量 45000 kg/hm²。

图 5-12　高节竹笋

5.15 红哺鸡竹(*Phyllostachys glabrata*)

红哺鸡竹笋,别名红壳笋,先端较尖,笋长 25～35 cm,基部直径 4～5 cm,单株笋重 250～300 g。笋肉白色至黄白色,笋壁厚 0.9 cm,可食率为 54.6%。闽南地区 3 月中旬出笋,到 4 月结束,笋期约 50 d。竹笋一般产量 7500 kg/hm²,潜力产量 22500 kg/hm²。

图 5-13　红哺鸡竹笋

5.16　白哺鸡竹（*Phyllostachys dulcis*）

白哺鸡竹笋，又名象牙笋。笋呈锥形略修长，适度采收者长为 28cm，基部直径 3.5～4.0 cm，单株笋重 200～250 g。笋箨淡黄色，有稀疏的褐色斑点至斑块。笋肉白色，可食部分占 56.2％，蒲头占 19.4％，箨壳占 24.4％。白哺鸡出笋期短而集中，笋肉色白食味上等，质极脆，味甜，含水分多，风味好，一般可贮藏 3～4 d。竹笋收获初期为 4 月上、中旬，盛期 4 月中、下旬，4 月下旬为末期。每 667 m² 产竹笋为 500～600 kg，最高可达 1000 kg。

图 5-14　白哺鸡竹（左：竹丛；右：竹笋）

5.17 毛金竹(*Phyllostachys nigra* var. *henonis*)

毛金竹为刚竹属植物,分布于我国黄河流域以南,贵州主要分布于遵义、安顺、贵阳和兴义等地。福建华安竹种园有引栽,生长良好。据测定,该竹笋含水量达91.40%,灰分含量0.820%,蛋白质含量1.818%,粗脂肪含量0.210%,粗纤维含量1.266%,总氨基酸含量达269.13 mg/g;必需和半必需氨基酸总含量达89.27 mg/g。

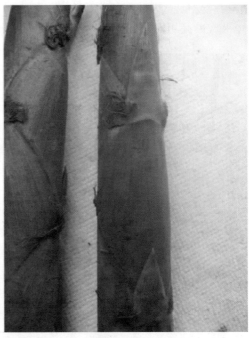

图 5-15　毛金竹笋

5.18 花吊丝竹(*Dendrocalamus minor* var. *amoenus*)

该竹主要分布于广西、广东,为丘陵及石灰岩山地常见竹种。花吊丝竹用途广泛、适应性强、产笋量高、笋味鲜美细嫩、营养丰富,作为笋用竹产业和园林绿化,在我国南方地区应用广阔。福建华安竹种园有引栽。该竹笋含水量达90.2%,灰分含量0.88%,蛋白质含量1.97%,粗脂肪含量0.41%。

图 5-16　花吊丝竹(左:竹丛;右:竹笋)

5.19　乌哺鸡竹(*Phyllostachys vivax*)

乌哺鸡竹笋,又名乌椿头。单轴散生,产浙江、江苏、上海等地,均为人工栽培。笋甚肥壮,呈钝锥形,长为 27～33 cm,基部直径 4～5 cm,单株笋重 400～500 g。笋箨淡黄褐色,泥土下笋箨为淡红白色。笋肉白至黄白色,可食部分占 55%,蒲头 19%,笋箨占 26%,笋味美,含水量高。4 月中旬为收获初期,5 月为盛期,历时 30 d 左右。每667 m² 产竹笋 650～750 kg,最高达到 1150 kg。

图 5-17　乌哺鸡竹笋

5.20　花哺鸡竹(*Phyllostachys glabrata*)

　　单轴散生,产浙江杭州、萧山、海宁、海盐等市县,均为人工栽植于沿海平原地区,村前屋后,河坝路旁。笋稍肥壮呈锥形,适度采收者长为 32 cm,基部直径 4 cm左右,单株笋重 250～300 g。笋箨淡红色至淡黄稍带紫色(未露土为淡黄),先端紫褐色小点密集成云状。笋肉黄白色,可食部分占 57.1%,蒲头占 20.9%,箨壳占22.0%,质脆,味稍甜,含水分中等,食味好。4 月中旬为收获初期,4 月下旬为盛期,5 月上旬为末期,鲜笋可贮藏 2～3 d。每 667 m² 产竹笋 500～750 kg,目前最高已达1000 kg。

图 5-18　花哺鸡竹（左：竿丛；中：竿箨；右：竹笋）

5.21　少穗竹（*Oligostachyum sulcatum*）

　　少穗竹是少穗竹属优良笋用竹种，亦称"大黄苦竹"，特产于福建闽清县美菇林场。其竹笋味道独特，笋味微苦，但脆嫩可口，能和胃消食且营养丰富，深受人们喜爱，十分畅销，为笋中珍品，系福建土优特笋用兼具观赏竹种之一。据测定，该竹笋可食率高，含水量达 90.48%，灰分含量 0.545%，蛋白质含量 1.786%，粗脂肪含量 0.218%，总氨基酸含量达 238.58 mg/g；必需和半必需氨基酸总含量达 70.72 mg/g。

图 5-19　少穗竹笋

5.22　橄榄竹(*Acidosasa gigantea*)

橄榄竹系酸竹属竹种,是福建省的乡土经济竹种;其笋期早、笋个大、营养价值高,可兼作材用和笋用。据测定,该竹笋含水量达 92.86%,灰分含量 0.769%,蛋白质含量 2.459%,粗脂肪含量 0.305%,总氨基酸含量达 215.26 mg/g;必需和半必需氨基酸总含量达 84.46 mg/g。

图 5-20　橄榄竹(左:笋箨;右:竹丛)

5.23　台湾桂竹(*Phyllostachys makinoi*)

台湾桂竹是刚竹属乔木状竹类植物。分布于中国台湾、福建。该竹笋味鲜美,可鲜食或加工成笋干及各种调味笋。据测定,该竹笋可食率高,含水量达 91.72%,灰分含量 0.580%,蛋白质含量 1.633%,粗脂肪含量 0.161%,粗纤维含量 1.131%,总氨基酸含量达 237.37 mg/g;必需和半必需氨基酸总含量达 77.47 mg/g。

图 5-21　台湾桂竹(左:竹丛;中、右:竹笋)

5.24　方竹(*Chimonobambusa quadrangularis*)

方竹是寒竹属竹种,呈乔木状。分布于中国江苏、安徽、浙江、江西、福建、台湾、湖南和广西等省区。日本也有分布,欧美一些国家有栽培。方竹主要供庭园观赏。其笋肉丰味亦美。其笋含水量达91.1%,蛋白质含量2.76%,脂肪含量0.31%,总糖含量0.75%,灰分含量0.57%。

图 5-22　方竹竹丛

5.25 六月麻竹(*Sinocalamus latiflorus* var. *magnus*)

笋呈锥形,长 25~30 cm,底径 8~10 cm,单株笋重约 1.5 kg。箨黄白色,出土后箨转绿色略带红色,基带褐色,表面初具刺毛,可食部分占 56.7%,肉质脆,味淡,含水量多。6 月为收获初期,7—8 月为盛期,10 月为末期。每 667 m² 产竹笋 1500 kg 左右,高者可达 2000 kg。

合轴丛生,高为 12~16 m,基部直径 7~10 cm,近基部节上有气生根。产福建,浙江南部等地有大面积引种。常植于山脚缓斜坡和溪流两岸冲积土上。为麻竹的变种,笋味和产量均比麻笋好。

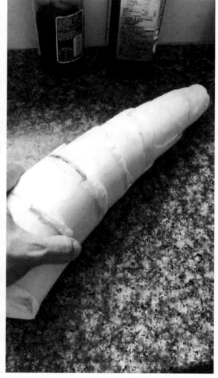

图 5-23　六月麻竹笋

5.26　吊丝球竹 (*Bambusa beechyana*)

笋体先端尖细,泥下笋青黄色,出土笋墨绿色。笋肉黄白色,肥厚,质嫩,稍有节腔。长 30 cm,最宽处直径达 10 cm,重 1500～2500 g,可食率 56.8%。闽南地区的笋期为 6 月上旬至 7 月末。采笋年限和每年采笋时间较短。一般竹林产笋 15000 kg/hm²,最高者可达 22500 kg/hm²。

图 5-24　吊丝球竹(左:竹丛;右:竹笋)

5.27　鱼肚腩竹 (*Bambusa gibboides*)

笋为稍弯曲的锥形,先端尖,长 20 cm 左右,单株笋重 0.5～1.0 kg,可食率 61%。箨青绿色,披茸毛。笋肉白色,早期采收之笋,节间分化不明显,近于实心,质脆滑爽,含水量高,无苦味,品质优。6 月为收获初期,7 月盛期,8 月为末期。出笋较迟,采笋年限短,每年采笋期也较短。每 667 m² 产竹笋 750～1000 kg。

图 5-25　鱼肚腩竹(左:竹丛;中、右:竹笋)

5.28　大头典竹(*Sinocalamus beecheyanus* var. *pubescens*)

笋体弯曲成锥形,长约 28 cm,基部直径 10 cm,笋头大,先端钝,竹笋个体大,一般单株笋重为 1.5～2.5 kg。笋箨浅黄色,出土部分见阳光后成墨绿色,且墨绿色花纹稍大,茸毛多;箨叶卵状披针形,外翻,长 3～4 cm,宽 3 cm,背面无毛,正面密生小刺毛。笋肉黄白色,节间分化不明显,近于实心,可食部分占 51%,蒲头占 34.5%,箨壳占 14.5%,肉质滑,含水量高,有的笋略带苦味。竹笋利用率高,适宜于整形切片,是制造笋罐头的主要原料。5 月下旬至 9 月中旬为盛期,10 月为末期,该种出笋略迟,采收年限较短。竹笋产量较高,平均每 667 m² 产 1000～1250 kg,高者可达 1800 kg。

此竹系吊丝球竹变种,合轴丛生。产广东(佛山)、海南、广西(梧州)等地。福建福州、华安、厦门和浙江南部等地有引种,大多植于河流两岸冲积土上,唯广西有植山地上。

图 5-26　大头典竹(左:竹丛;右:竹笋)

5.29　撑麻 7 号(*Bambusa pervariabilis* × *D. latiflorus*)

　　为麻竹与撑篙竹的杂交种,单株笋重 1～2 kg,可食率 56.7％,笋大肉厚,笋干金黄色,笋罐头白色,笋味淡,营养价值高于其父、母本。闽南地区笋期在 6 月下旬至 9 月末,是优良加工笋用竹。据测定,该竹笋含水量达 91.0 8％,灰分含量 0.809％,蛋白质含量 1.578％,粗脂肪含量 0.389％,粗纤维含量 1.198％,总氨基酸含量达 159.44 mg/g;必需和半必需氨基酸总含量达 63.94 mg/g。

图 5-27　撑麻 7 号(左:竹丛;右:竹笋)

5.30 早竹(*Phyllostachys praecox*)

早竹笋又名早笋,因竹笋出土早得名。适度采收的早笋呈锥形,先端尖至钝尖,基部直径 3.0 cm,单株笋重 150～300 g。箨薄而无毛,底色淡黄,密生暗紫细纹,先端出土部分往往呈紫黑色,中部以黄绿为主,晚期笋出土后箨色比早期为淡。笋肉白色略带淡黄,可食部分占 61.6%,蒲头 15.8%,笋箨 22.6%,肉质脆,味甘美,含水分多,风味好。3 月中、下旬为收获初期,4 月上、中旬为盛期,4 月下旬至 5 月上旬为末期,历时长达 45～50 d。一般每 667 m² 产竹笋 600～750 kg,高者可达 1500 kg。

在 11 月期间,天气寒暖无常,有少数的鞭芽出土为笋,俗名小阳春笋,后随气温下降而停止抽生。到翌春 2 月上旬,气温转暖,竹笋又陆续出土,中旬渐多。此笋出土早,笋期长,经济价值高,且因生产期气温低利于运输。

单轴散生,多数人工栽植宅旁及农田护堤上。产浙江、江西、江苏、上海、安徽等省(直辖市)。以浙江的余杭、德清为最盛。

图 5-28　早竹(左:竹丛;右:竹笋)

5.31　刚竹(*Phyllostachys sulphurea* 'Viridis')

刚竹笋,别名龙丝笋。竹笋呈园锥形,先端渐尖,基部膨大圆钝。笋长约 30 cm,基部直径 4～5 cm,单株笋重 250～300 g,笋体大者可达 1.7 kg。笋味微苦,可食率为 46.7%,是加工用笋的主要原料。闽南地区 5—6 月出笋,一般产量 1000 kg/hm²。据测定,该竹笋含水量达 92.03%,灰分含量 0.4650%,蛋白质含量 1.852%,总氨基酸含量达 242.27 mg/g;必需和半必需氨基酸总含量达 82.71 mg/g。

图 5-29　刚竹笋

5.32　尖头青竹(*Phyllostachys acuta*)

笋圆锥形,自基部向尖端急剧细小,壳面青绿色而故名尖头青。一般笋长为 30 cm 左右,基部直径 5 cm,单株笋重 200～250 g。笋箨绿色,有紫褐色斑点(泥土下箨淡黄白色),光滑无毛(上部边缘具短纤毛),中部斑点密集呈深褐色,上、下部斑点较为分散。笋肉绿色,可食部分占 51%,蒲头占 20%,笋箨占 29%。竹笋质脆,味甜。4 月中旬、下旬为收获初期,5 月初为盛期,5 月中、下旬为末期,历时约 30 d。每 667 m² 产竹笋一般为 500~750 kg,最高可达 1000 kg。

尖头青竹单轴散生,为中小型竹,盛产于浙江杭州郊区,可与早竹相媲美。

图 5-30　尖头青竹(左:竹丛;右:竹笋)

5.33　淡竹(*Phyllostachys meyeri*)

单轴散生。产浙江、江苏、安徽(南部)等省。笋形细长,先端尖。长约 30 cm,基部直径 4 cm,单株笋重 100~175 g,大者重达 500 g。笋箨淡紫红色(土下部为黄白色),基部有一圈细柔毛,其余无毛,密被褐色斑点或斑块。肉质稍硬,味甘甜,故名淡竹,可食部分占 51%,蒲头占 17%,箨重占 32%。4 月中、下旬为收获初期,4 月底为盛期,5 月上、中旬为末期,历时约 30 d。竹笋产量一般每 667 m² 为 350~500 kg,最高可达 750 kg。

图 5-31　淡竹(左:竹丛;右:竹笋)

5.34　水竹(*Phyllostachys heteroclada*)

笋呈棒状,个体细小,先端渐尖,长约 30 cm,基部直径 1.5～2.0 cm,单株笋重 50～100 g。笋箨绿色,带紫色、红色脉纹,无毛和斑点,偶见疏毛。笋肉黄白色或黄绿色,可食部分占 52%,蒲头 15%,箨重 33%,不带蒲头,质脆味淡鲜美,含水分中等,风味好。4 月底 5 月初为收获初期,5 月上、中旬为盛期,5 月中、下旬为末期,历时约 40 d。鲜笋可贮藏 3～4 d,竹笋产量一般每 667 m² 为 170 kg 左右,最高可达 400 kg。

单轴散生。产江苏、浙江、湖北、广东、广西、四川等省(自治区),常见于溪滩边或山间。

图 5-32 水竹(左:竹丛;右:竹箨)

5.35 石竹(*Phyllostachys nuda*)

笋较细长,适度采收者长约 35 cm,基部直径 1～2 cm,单株笋重 50～100 g。笋箨被白粉,淡红褐色,具紫褐色斑块。笋肉白色,可食部分占 55%,蒲头占 10.5%,笋箨占 34.5%。肉质略硬,含水量不高,风味鲜美。4 月中旬为收获初期,5 月上、中旬为盛期,5 月底为末期,历时约 40 d。竹笋产量每 667 m² 为 150～200 kg,最高可达 400 kg。笋壳薄肉质厚,是加工天目笋干的主原料。

单轴散生,产浙江、江苏、安徽、陕西等省,海拔 800～1400 米处亦可生长。

5.36 甜竹(*Phyllostachys flexuosa*)

单轴散生,广泛引种栽培于溪滩冲积地和山角坡地上。笋呈圆锥形,先端尖,长为 23 cm,基部直径 3 cm,单株笋重 50～100 g,大者重 0.25 kg。笋箨呈带绿的黄褐色,具密生大小不等的斑点,有数条淡紫色脉纹。笋肉黄白色,质脆,味甜,可食部分占 46%,蒲头占 17%,笋箨占 37%。4 月中、下旬为收获初期,5 月初为盛期,5 月中、下旬为末期,历时约 30 d。鲜笋可贮藏 3～4 d,竹笋产量每 667 m² 150 kg 左右。

图 5-33　甜竹笋

5.37　四季竹(*Oligostachyum lubricum*)

笋质脆嫩,笋味略苦,笋期长,出笋期是供笋淡季,是优良的笋用竹种。闽南地区笋期 4—10 月,历时 180～200 d。竹笋可食率 42.3%。竹笋一般产量 17500 kg/hm²,潜力产量 27500 kg/hm²。据测定,该竹笋含水量达 91.35%,灰分含量 0.784%,蛋白质含量 1.584%,粗脂肪含量 0.591%,总氨基酸含量达 176.33 mg/g;必需和半必需氨基酸总含量达 65.12 mg/g。

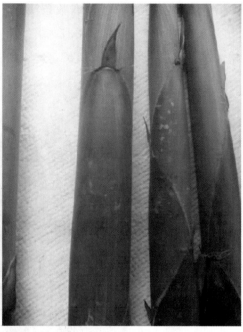

图 5-34　四季竹笋

5.38　斑苦竹(*Pleioblastus maculatus*)

　　笋质脆嫩,笋味略苦,仅被生长地周边居民采食,市场开发潜力大。竹笋可食率46.2%。其枝叶是大熊猫的主要食物之一。闽南地区笋期4—5月。

图 5-35　斑苦竹(左:竿丛;中:竹丛;右:笋箨)

5.39　福建竹亚科刚竹属一新优良笋用竹种——耶尔竹
(*Phyllostachys dioxide* S. H. Chen et K. F. Huang)

耶尔竹（图 5-36）：Phyllostachys dioxide S. H. Chen et K. F. Huang, sp. nov.
Fig. 5-36

Species *Phyllostachys incarnatis* Wen affinis, sed plantis mediis vel parvis, 3～5 m altis, diametro 1～2.5 cm, cristis nodis elevatis, cicatrices vaginae distinctes uper antibus, vaginis culmi glabris vel puberulis flavidis, auriculis carens vel minute elevatis, ligulis 3～5 mm altis, margine laceratis differt.

Plants medium or small. Rhizomes leptomorph. Bamboo shoots broanish-yellow when unearthing, terminal culm sheath blades lax, corrugated. Culms diffuse, 3～5 m tall, 1～2.5 in diam. , green, glaucous when young, gradually becoming blackish-brown fur furaceous after the first year; internodes glabrous; nodal ridge elevated, brown, distinctly higher than sheath scar. Culm sheaths brownish, thinly chartaceous, abaxially covered with vaporific, brown stripes and spots, glabrous or yellowish puberulent, upper part attenuate; sheath auricles absent or minutely elevated, with few bristles 0.5～0.8 cm long; sheath ligules 3～5 mm in height, margin lacerate, with cilia ca. 5 mm long; sheath blades erect, brownish, 4～6 cm long, corrugated, narrowly triangular, margin finely ciliate, abaxially glabrous, adaxially faintly pubigerous. Branches 2 per node, unequal; secondary branches present; branch sheaths abaxially glabrous, margin ciliate. Leaves 2～3 per twig; leaf sheaths abaxially glabrous, margin slightly and finely ciliate; leaf auricles small, semi-orbicular, margin with corrugated, uneven cilia 1～1.5 cm long; leaf ligules 5 mm in height, margin finely ciliate; leaf blade 6～10 cm long, 8～12 cm wide, abaxially and adaxially glabrous; secondary veins 5～6; transverse veinlets obvious, reticulate. New shoots April to May. Flower and fruit unseen.

China. Fujian（福建）：Zhangzhou（漳州），Hua'an Bamboos Garden（华安竹种园），alt. 114～280 m,2014-05-20, HUANG Ke-Fu,GUO Hui-Zhu and CHEN Song-He（黄克福,郭惠珠,陈松河）3532（holotype,XMBG(Xiamen Botanical Garden)）。

中小型竹种。地下茎单轴散生。笋出土时呈棕黄色,笋尖箨片较松散,并有波状皱折;竹竿绿色,幼竹被白粉,一年后即陆续呈不均匀黑褐色粉垢;竿高3～5 m,直径1～2.5 cm;竿节间无毛;竿环较突起,并有脊,褐色,明显高于箨环;竿箨淡棕色,薄草质,背面有雾状褐色斑纹和斑点,无毛,或有淡黄色微毛,上端渐窄;无箨耳,或有微小凸起,有少量0.5～0.8 cm的茸毛;箨舌高3～5 mm,边缘撕裂状,并有5 mm左右的纤毛;箨片直立,淡棕色,长4～6 cm,有波浪皱折,窄三角形,边缘有细纤毛,背面无毛,腹面有微弱短柔毛。竿每节2分枝,一大一小,有次级枝;枝箨背面无毛,边缘有纤毛,每小枝着叶2～3片;叶鞘背面无毛,边缘略有细纤毛;有小半圆状的叶耳,边缘具长1～1.5 cm的纤毛,纤毛皱,不平直;叶舌高5 mm,边缘有微纤毛。叶片长6～10 cm,宽8～12 mm,两面无毛;次脉5～6;横脉明显,构成细方格;笋期4～5月;花果未见。

本种与红壳雷竹 *Phyllostachys incarnata* Wen(GENG BJ,WANG ZP,1996;Missouri Botanical Garden (MO),Harvard University Herbaria (A, GH),Smithsonian Institution (US),et al,2006;YI TP,SHI JY,MA LS,et al,2008)相近似,但前者为中小型竹种,高3～5 m,直径1～2.5 cm;竿环较突起,并有脊,明显高于箨环;竿箨无毛,或有淡黄色微毛;无箨耳,或有微小凸起;箨舌高3～5 mm,边缘撕裂状,易于区别。

本种标本采集地点为福建省华安竹种园(引自浙江),采集人为黄克福、郭惠珠和陈松河,采集号为3532(主模式标本存于厦门园林植物园标本室 XMBG),采集时间为2014年5月20日。

本种在福建省南平(具体地点不详)、三明两地区均有分布,当地群众均有食用该笋传统,鲜食或腌制均有,在闽南栽培生长甚好。该竹分布地之一福建省三明市,具体地点为沙县青州镇(原叫公社)涌溪村(原叫大队),当地农民俗称其为“耶尔竹”(音译),故本文将该新种中名命名为“耶尔竹”。作者在开展竹类相关课题研究时,于2014年采集制作了该竹类标本;2014—2015年4—6月该竹发笋时期多次采集确认该竹类标本的所有形态特征;2016年6月对其竹鞭进行解剖,该竹竹鞭无气道,确认其属于刚竹属刚竹组而非水竹组竹类;2017年笋期再次对其形态和解剖特征进行研究确认。综合多方面鉴定研究,并经仔细核对其他相关文献(MA NX,LAI GH,ZHANG PX,et al,2014;WEN TH,1982;YI TP,MA LS,SHI JY,et al,2009;ZHU SL,MA NX,FU MY,1994;SHI JY,YI TP,MA LS,et al,2012)、近缘种标本和征询相关专家意见后,确定其为一新种。

致谢:本竹种的研究得到中国科学院植物研究所林秦文博士的大力帮助,特此致谢!

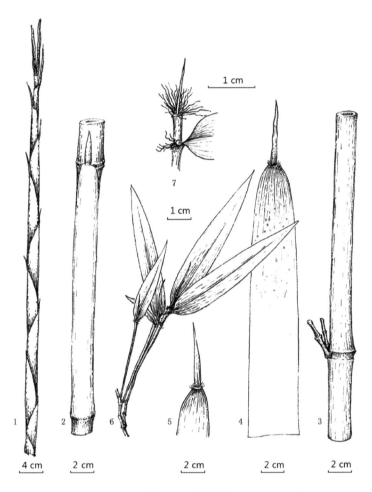

图 5-36　耶尔竹

1.笋;2.竿箨;3.秆之一段,示其分枝;4.箨的背面(放大);5.箨的腹面上端;6.叶枝;7.叶鞘顶端局部放大.(郑世群根据黄克福、郭惠珠和陈松河 3532 号标本绘)

参考文献

GENG B J,WANG Z P,1996. In Flora Reipublicae Popularis Sinicae[M]. Beijing:Science Press,Tomus 9 (1):290-291.[耿伯介,王正平,1996.中国植物志[M].北京:科学出版社,9 (1):290-291.]

Missouri Botanical Garden（MO）,Harvard University Herbaria（A，GH）,Smithsonian Institution (US),et al,2006. Flora of China[M]. Beijing:Science Press,Volume 22:175.

MA N X,LAI G H,ZHANG P X,et al,2014. The Genus Phyllostachys in China[M]. Hangzhou:Zhejiang Science and Technology Publishing House,115.[马乃训,赖广辉,张培新,等,2014.中国刚竹属[M].杭州:浙江科学技术出版社,115.]

SHI J Y,YI T P,MA L S,et al,2012. The Ornamental Bamboos in China [M],Beijing:Science Press,394.[史军义,易同培,马丽莎,等,2012.中国观赏竹[M].北京:科学出版社,394.]

WEN T H,1982. New taxa and combinations of Phyllostachys in Zhejiang[J]. Bulletin of Botanical Research,2(1):61-88.[温太辉,1982.浙江刚竹属新分类群[J].植物研究,2(1):61-88.]

YI T P,SHI J Y,MA L S,et al,2008. Iconographia Bambusoidearum Sinicarum[M]. Beijing:Science Press,332.[易同培,史军义,马丽莎,等,2008.中国竹类图志[M].北京:科学出版社,332.]

YI T P,MA L S,SHI J Y,et al,2009. Claves Generum et Specierum Bambusoidearum Sinicarum[M]. Beijing:Science Press,89-110.[易同培,马丽莎,史军义,等,2009.中国竹亚科属种检索表[M].北京:科学出版社,89-110.]

ZHU S L,MA N X,FU M Y,1994. A Compendium of Chinese Bamboos[M]. Beijing:China Forestry Publishing House,126.[朱石麟,马乃训,傅懋毅,1994. 中国竹类植物图志[M].北京:中国林业出版社,126.]

竹笋的形态（约第5天）　　　　　　　　　　　　竹笋的形态（约第15天）(远观)

竹笋的形态（约第15天）(近观)　　　　　　　　　竹笋的形态（约第30天）

图 5-37　耶尔竹竹笋不同生长阶段的形态

第6章 厦门竹笋业现状及发展对策

厦门位于福建东南沿海,是中国最早实行改革开放的四个经济特区之一,随着社会经济的快速发展,人们对竹笋这一绿色健康食品的需求量越来越大,但可用于耕作的土地越来越少,竹笋业发展的模式和路径与其他主产区差异显著,具有典型性。本章以厦门为例,阐述厦门竹笋业现状及发展对策,以资厦门和其他类似地区参考借鉴(陈松河等,2015)。

6.1 厦门发展竹笋业的有利条件

6.1.1 自然气候条件优越

厦门的自然气候条件(厦门市地理学会,1995)非常适合竹子的生长。

6.1.2 竹种资源丰富

据统计,至 2007 年,仅厦门市园林植物引种保存的竹类植物达 28 属 165 种(陈松河,2007),其相关生物学、生态学特性及其园林应用研究的文献资料也不少(陈松河等,1996;陈松河,2001;陈松河,2009.5;陈松河,2014),具备发展竹笋业的资源储备和技术基础。

6.1.3 市场前景很好

从市场需求方面来说,近年来随着厦门经济社会的快速发展,人们的生活水平有了极大的提高,人们对物质生活要求已不再是只求温饱的标准,也不再热衷于脂肪含量高、热量高、胆固醇高等的大鱼大肉,特别是在发生三鹿奶粉、染色馒头、双汇瘦肉精等食品安全重大事件后,人们是越来越重视饮食的搭配、食品安全、烹调口感等。于是一些高纤维、低脂肪、低热量的食材,特别是一些传统的农耕作物就被消费者所钟爱。由于竹笋食材产自泥土中,受污染少、清爽可口、营养丰富、味道鲜美、烹调简单,同时又属于高纤维、低脂肪、低热量产品,因而倍受消费者的青睐。目前品质优良的鲜竹笋价高量少,市场前景很好。

6.1.4　符合厦门产业政策发展方向

从产业政策方面来说,厦门发展竹笋业符合《厦门市中长期科学技术发展规划纲要(2006-2020 年)》和《厦门市"十一五"科技发展专项规划》中关于开发无公害绿色食品技术,形成"基地—农户—龙头企业—品牌—市场"无公害绿色食品产业格局,以及建设具有新品种新技术引进示范、科技交流观光休闲农业生态科技园,建设种苗基地,进一步增加高新技术、新品种、新设备的投入,为农业产业化和现代化建设服务等的目标和要求,具有重要的社会意义。厦门发展竹笋业,可以通过种植竹子来美化、绿化环境,涵养水源、保持水土、净化空气等,发挥其生态效益;可以把竹材用于建筑、燃料、造纸等领域,可以把竹笋加工成多种多样的食品,发挥其良好的经济效益;同时在竹笋产业种植、加工、销售等环节上,可以带动农户、生产企业、营销组织解决就业、增加收入、创造财富,等等,充分发挥其社会效益。

6.2　厦门竹笋业现状

6.2.1　竹笋生产

据调查,目前厦门市场上竹笋的来源地除少量由本地提供外,绝大部分主要是厦门周边的漳州市、泉州市、龙岩和南平等地。厦门本地、漳州市和泉州市提供的竹笋以丛生竹类如绿竹(*Dendrocalamopsis oldhami*)和麻竹(*Dendrocalamus latiflorus*)为主。其中,绿竹的主要优良品种有两个,一是绿矮脚(*Dendrocalamopsis oldhami* 'Luaijiao'),二是绿高脚(*Dendrocalamopsis oldhami* 'Lugaojiao'),厦门常见竹笋以"绿矮脚"竹为主。麻竹的主要优良品种也有两个,一是四州仔(别称矮脚麻)(*Dendrocalamus latiflorus* 'Aijiaoma');二是粉麻(别称高脚麻)(*Dendrocalamus latiflorus* 'Gaojiaoma'),厦门常见竹笋以"矮脚麻"竹为主。南平、福州、莆田等地区提供的竹笋以散生及混生竹类如毛竹(包括冬笋和春笋)(*Phyllostachys edulis*)、早竹(*Phyllostachys praecox*)、黄甜竹(*Acidosasa edulis*)等为主。厦门由于经济较发达,再加上厦门市本身市域土地面积有限,可用于发展竹笋业的土地面积更加有限。厦门本岛思明区和湖里区更是寸土寸金,竹类植物以园林观赏为主,用于食用的竹笋很少。厦门竹笋生产主要在厦门岛外的海沧、集美、翔安和同安,但即便是岛外,一般也是农户房前屋后或闲散地小面积栽培,收获的竹笋作为自用蔬菜,没有或很少作为商品销售。所谓的笋用竹生产基地的规模也不大,如厦门市集美区黄地村坂头林场山母后的绿竹笋基地,号称闽南地区最具规模的台湾绿竹笋种植基地,其面积也只有十余公顷;还有,位于同安区五显镇、新民镇等地营建的优良笋用竹种勃氏甜龙竹(*Dendrocalamus brandisii*)和版纳甜龙竹(*Dendrocalamus hamilttonii*)母竹繁殖和笋用竹示范林基地,面积也仅十多公顷。此外,厦门所辖的坂头国有防护林场和同安汀溪国有防护林场等地虽有毛竹等笋用竹种,但其主要以涵养水源、保护生态环境为主,厦门市园林植物园、厦门天竺山森林公园、厦门小坪森林公园及全市很多公园、风景区虽然也有大片的竹林,但这些竹林主要以园林观赏为主,竹笋并未上市供应。因此,厦门鲜竹笋的自身供应能力不强,严重依赖于从外地调运供给。

6.2.2 厦门竹笋市场概况

据初步统计,厦门鲜笋每年需求量5000多t(每月约400 t)。主要食用鲜竹笋种类有:绿竹笋、麻竹笋、毛竹笋(分冬笋和春笋),其他市场可见的笋用竹种还有黄甜竹、早竹、唐竹(*Sinobambusa tootsik*)、台湾桂竹(*Phyllostachys makinoi*)、苦竹(*Pleioblastus amarus*)、茶竿竹(*Pseudosasa amabilis*)等小径竹。其中绿竹、麻竹和毛竹占市场需求量的90%以上,其他笋用小径竹市场占有量不足10%。毛竹笋主要上市时间在每年12月至翌年的4月;早竹笋上市时间在2月中下旬,为毛竹以外最早在市场出现的笋用竹;唐竹、黄甜竹等3—5月份上市;而绿竹和麻竹笋是厦门市场主供笋用竹,每年6—8月是其高产期,到10月份厦门市场上依然可见。

6.2.3 厦门鲜竹笋价格

为摸清厦门市场鲜竹笋的价格变动情况,从2015年2月起至8月,我们每隔几天调查记录一次厦门3家以上农贸市场销售的鲜竹笋品种、数量、价格。价格取3家之平均值,如表6-1、表6-2。

表 6-1　厦门鲜竹笋(毛竹、黄甜竹、早竹笋)市场零售价格(单位:元/500g)

日期	2月 17日	3月 7日	3月 14日	3月 21日	3月 29日	4月 6日	4月 12日	4月 19日	4月 26日	5月 3日	5月 10日	5月 17日	5月 24日	5月 31日
毛竹 春笋	12.0	8.5	5.5	4.5	2.5	2.5	2.5	2.5	2.5	2.5	2.5	2.5	2.5	2.5
黄甜 竹笋	15.0	12.5	8.5	8.0	8.0	7.5	6.0	6.0	5.5	5.5	5.5	5.0	5.0	5.0
早竹笋	14.5	13.5	7.5	7.5	7.5	7.5	7.5	7.0	7.0	7.0	6.5	6.5	6.0	6.0

表 6-2　厦门鲜竹笋(绿竹、麻竹笋)市场零售价格(单位:元/500g)

日期	6月 1日	6月 8日	6月 15日	6月 22日	6月 29日	7月 6日	7月 13日	7月 20日	7月 27日	8月 3日	8月 10日	8月 17日	8月 24日	8月 31日
绿竹笋	16.0	16.0	16.0	15.0	15.0	14.0	14.5	13.5	13.0	13.0	12.5	12.0	12.0	10.0
麻竹笋	9.0	9.0	8.5	8.5	8.5	7.5	7.0	7.0	6.5	6.0	5.5	5.0	5.0	5.0

由表 6-1 和表 6-2 可知,厦门鲜竹笋的价格总体而言,首先与上市时间密切正相关,即上市时间越早,价格越高,随着时间的推移价格逐渐回落。如 2 月 17 日上市的竹笋价格与 5 月 31 日的相比,毛竹春笋价格前者比后者高 3.8 倍,黄甜竹笋高 2 倍,早竹笋高 1.4 倍;6 月 1 日上市的竹笋价格与 8 月 31 日的相比,绿竹笋价格前者比后者高 0.6 倍,麻竹笋高 0.8 倍;其次,与不同笋种密切相关,如 2 月 17 日上市的毛竹春笋、黄甜竹笋和早竹笋,因后两者笋味较佳,上市数量较少,价格就比毛竹春笋高,而 6 月 1 日上市的绿竹笋和麻竹笋,这两种竹笋是闽南地区传统的主产笋用竹,尤其是绿竹笋笋味极佳,其价格也较高。还有,品质优良的竹笋如绿竹笋,其价格一直保持在较高价位,且随着时间的推移,其价格变动的幅度也最小,其他竹笋价格的变动幅度与其品质的变动情况与绿竹相类似,即竹笋品质越好,其价格随时间的变化幅度越小。

6.3　厦门竹笋业发展对策

6.3.1　建立厦门竹笋生产基地

目前厦门市鲜笋生产较为落后,自产自给率较低,一般都是从周边城市如漳州、泉州和本省龙岩、南平、三明等外地调运,品质较佳的鲜竹笋供应量很少,远远无法满足厦门市超市、酒店、宾馆的大量需求,市民也非常喜欢和渴望有更多优质的鲜竹笋供应,因此厦门竹笋业的市场前景是非常好的。竹笋与其他农副产品有所不同,一般不耐储运,新鲜的竹笋品质最佳,放置 1~3 d 后品质大降,甚至腐烂。因此厦门市有必要建立自己的竹笋生产基地,以满足厦门市场对新鲜竹笋的迫切需要。厦门经济发达,环境优美,岛内岛外拥有丰富的山地资源,特别是岛外海沧、集美、翔安、同安区,早些年农民大量开荒种果树,曾取得一定的经济效益。但近十多年来随着市场需求的变化,多数果树效益下滑严重,收不抵支,果农疏于管护,大片果林地荒芜,初步统计达 26000 余公顷。改造和利用这些低效荒芜果园,结合江河绿化改造,将优良笋用竹的引种栽培与产业结合起来,形成规模化经营,开展优良笋用竹良种繁育,建立鲜笋生产基地,做到适地适竹,形成产业化经营,不仅可以增加村民收入,还能保持水土,优化林分结构,也可以大大改善景观效果。

6.3.2　研究和探索竹笋周年供应的问题

不同的竹笋季节性非常强,虽然厦门市一年内大部分时间均有鲜竹笋供应,但是具体到每个月,食用竹笋的品种非常单调,竹笋供应淡旺严重不均。据我们调查了解,厦门市市场上除了毛竹、绿竹和麻竹外,许多品质优良的、发笋期不同的笋用竹如雷竹、黄甜竹、早竹等市场供应量极少,远远不能满足市场的需求,因此很有必要开展厦门市笋用竹周年供应的相关问题研究,探索不同季节、不同月份可供应厦门市场笋用竹品种的相关生物学和生态学特性,形成竹笋周年供应模式,满足厦门市场的需要。如果竹笋品种如果搭配得当,可大大缓解厦门市场蔬菜淡季供应的困难。

6.3.3　加强笋用竹相关的科学研究

厦门因其独特的自然地理条件,非常适合竹子的生长,竹种资源也非常丰富,达

20 余属,100 余种。这些竹种中就包含了许多适合厦门市地区生长的优良笋用竹种,如何筛选和应用这些优良的笋用竹是我们迫切需要研究的课题;其次,如何筛选和引进更多的优良笋用竹种到厦门,并进行规模化生产,对满足市场需求意义重大,如少穗竹(*Oligostachyum sulcatum*)、橄榄竹(*Indosada gigantea*)为福建乡土竹种,笋肉产量高(径高比大),富含天然抗生素,值得深入研究开发,还有如高节竹(*Phyllostachys prominens*)、雷竹(*Phyllostachys praecox* 'Prevernalis')产量高,竹笋品质优良,在闽北已广为种植,值得引栽;最后,竹子生长的好坏与不同竹子的特性密切相关,因此如何挖掘厦门现有竹笋基地的生产潜力,开展笋用竹丰产培育技术措施和笋用竹保鲜技术等的相关研究也非常有必要。

6.3.4　加强行业管理,理顺竹笋业生产、流通、销售环节

首先,要建立和依托农业协会、合作社等做好鲜竹笋的生产、收购,做到产品统一质量、统一价格标准和统一收购(采收)时间的三统一。保证产品质量和数量的可靠性,又解决了笋农对产品市场销售的后顾之忧,进一步促进竹笋生产的发展,又可稳定竹笋市场的流通。其次,要转变思路,在流通环节多做文章,做强做大鲜竹笋流通产业。厦门市对内对外交通极为发达,在无法自给自足的情况下,相关职能部门可以考虑充分利用这一有利条件,与省内漳州、泉州、龙岩、南平,以及浙江、江西等笋用竹生产区签订供笋协议,充分利用发达的交通网络,做到供笋区当天采笋,当天或翌日供应厦门市场是完全可以做到的。

第7章 小结与讨论

　　本书研究了福建笋用竹竹笋的特性包括生物学特性和生态学特性,重点介绍竹笋的笋期生长规律、竹笋营养成分(包括竹笋含水量以及灰分、维生素C、蛋白质、脂肪、粗纤维、氨基酸等含量)、笋味和推广应用情况等;研究并提出了福建笋用竹竹笋周年供笋模式;概述了福建笋用竹培育技术要点;对福建优良笋用竹种类及推荐竹种进行了较详细介绍,并提供了80余种福建竹笋实拍照片;最后阐述了厦门竹笋业现状及发展对策,以资厦门和其他类似地区参考借鉴。

7.1 笋用竹笋期观测

　　对于笋用竹的选择,国内相关学者也进行了一些研究。叶德生等对闽北的散混生笋用竹种进行了初步优选,通过发笋量、成竹数量、高生长量等8个指标,筛选出黄甜竹、高节竹、红哺鸡竹、四季竹等4种性状优良的适宜闽北地区生产的笋用竹种,同时给出建议大面积推广、发笋量较高的篌竹、实肚竹和实心竹等3种竹(叶德生等,2003)。姜晓装等对江西的笋用竹引种和栽培情况加以总结,建议结合当地气候、水热、土壤等条件适地适时适竹,得出适宜开发的笋用竹种,如散生的白夹竹、篌竹、毛金竹、厚皮毛竹等;丛生的坭竹、绿竹等;混生型酸竹、黄甜竹、苦竹、方竹等(姜晓装等,2000)。

　　本研究以出笋初期为基点,将周年供笋时间划分为四个季度,进而细分每月推荐鲜笋。第一季度、第二季度前期、第四季度后期一般为散生、混生竹供笋为主,第二季度后期、第三季度、第四季度前期以丛生竹供笋为主。具体为:1月优良笋用竹,毛竹(冬笋)、雷竹;2月优良笋用竹,摆竹、雷竹(早园竹);3月优良笋用竹,早竹、红哺鸡竹、橄榄竹、福建酸竹、黄甜竹、短穗竹、业平竹、中华业平竹、毛竹(春笋)、绿槽毛竹;4 月优良笋用竹,桂竹、乌芽竹、高节竹、毛金竹、淡竹、浙江淡竹、安吉金竹、算盘竹、少穗竹、花哺鸡竹、乌哺鸡竹、白哺鸡竹、早园竹、斑竹;5 月优良笋用竹,四季竹、紫竹、黄槽竹、斑苦竹、石竹、篌竹、水竹、角竹、人面竹、刚竹、台湾桂竹;自 6 月起,笋用竹进入集中供笋阶段,除金竹仅 6 月份供笋外,大部分竹种的出笋期将持续到第四季度,自 6 月出笋,持续到第三季度的优良笋用竹有,吊丝球竹、撑麻 7 号、苏麻竹、马来麻竹、绿竹;而自 6 月出笋,持续到第四季度的优良笋用竹有,大绿竹、吊丝单竹、木薱竹(大木竹)、大头典竹、云南龙竹、勃氏甜龙竹、青皮竹、美浓麻竹、花吊丝竹、龙竹、马来甜龙竹、白绿竹、黄麻竹、麻版 1 号;同样除歪脚龙竹、版纳甜龙竹、苦绿竹和撑版 1 号 4 种优良笋用竹,自 7 月份出笋,持续 2～3 个月以外,同为 7 月出笋,笋期将持续到第四季度的优良笋用竹有,清甜竹、麻竹、花巨竹、大泰竹、毛笋竹。

7.2　竹笋—幼竹高生长规律

本研究观测的 22 种竹种的竹笋—幼竹高生长,记录从出笋至高生长停止的每 5 日生长量,通过 SPSS 软件提供的 11 种曲线模型来进行曲线估计,供试竹种的高生长数学模型为三次函数模型,即竹高(Y)与时间(t)的拟合模型为:$Y=b_0+b_1t+b_2t^2+b_3t^3$,其中丛生竹高生长模型中 R^2 的范围是 0.926～0.982;散生、混生竹高生长模型中 R^2 的范围是 0.942～0.997。

采用系统聚类方法,测得丛生竹不同竹种间竹笋—幼竹高生长节律的间距显著高于散生、混生竹,这一现象的形成可能与该地区丛生竹生长周期较长有关。散生、混生竹的生长节律严格以"慢—快—慢"的规律变化,即其高生长由生长缓慢而渐渐加快直至到达生长高峰,随后高生长逐渐减弱的过程;丛生竹高生长期较长,期间将经历类似几轮散生、混生竹的"慢—快—慢"变化历程。本项目测试的 22 种不同类型的竹种中,丛生竹的高生长节律分别划分为 3 大类,即马甲竹、麻竹、吊丝球竹为一类,花竹、青皮竹和苦绿竹为一类,锦竹、绿竹、粉单竹、撑篙竹和崖州竹为一类;散生、混生竹的高生长节律分别划分为 4 大类,即雷竹、人面竹、少穗竹、江南竹、高节竹和花叶唐竹为一类,石竹单独为一类,毛金竹和白哺鸡竹为一类,绿槽毛竹和红哺鸡竹为一类。针对不同竹种的竹笋—幼竹高生长节律,通过聚类分析的划分,结合不同生长状态的生产管理,可进一步提高成竹质量和竹笋品质。

7.3 竹笋营养物质含量

7.3.1 竹笋含水量

笋体含水量的多少虽然与品种有关,但其在一定程度上代表竹笋的老化程度,并直接竹笋影响的食用品质,含水量越高,口感越好。在本项目测定的竹笋中,含水率变化在79.93%～93.45%,均值为90.83%。含水率由高到低的排列顺序为:黄甜竹＞橄榄竹＞花眉竹＞马来甜龙竹＞勃氏甜龙竹＞黄皮刚竹＞石角竹＞刚竹＞青竿竹＞乌芽竹＞乡土竹＞台湾桂竹＞马甲竹＞版纳甜龙竹＞安吉金竹＞黄金间碧玉竹＞毛金竹＞大佛肚竹＞黄槽刚竹＞四季竹＞黑甜龙竹＞泰竹＞大绿竹＞车筒竹＞撑麻7号＞吊丝单竹＞牛儿竹＞东帝汶黑竹＞角竹＞黑巨草竹＞少穗竹＞云南龙竹＞寿竹＞壮绿竹＞大头典竹＞苏麻竹＞红壳绿竹＞大眼竹＞米筛竹＞梁山慈竹＞巨龙竹＞长毛米筛竹。

7.3.2 灰分含量

笋体的灰分是由所有矿质元素构成的。灰分中所含的矿质元素是人体新陈代谢不可缺少的部分。供试笋体的灰分含量范围在0.213%～1.224%,平均值为0.570%。灰分含量由高到低的排列顺序为:黄皮刚竹＞大佛肚竹＞吊丝单竹＞勃氏甜龙竹＞毛金竹＞黄甜竹＞撑麻7号＞四季竹＞橄榄竹＞安吉金竹＞乌芽竹＞马甲竹＞寿竹＞大绿竹＞巨龙竹＞长毛米筛竹＞台湾桂竹＞马来甜龙竹＞少穗竹＞黄槽刚竹＞花眉竹＞乡土竹＞角竹＞刚竹＞牛儿竹＞苏麻竹＞壮绿竹＞云南龙竹＞黄金间碧玉竹＞大头典竹＞梁山慈竹＞车筒竹＞红壳绿竹＞东帝汶黑竹＞黑巨草竹＞大眼竹＞版纳甜龙竹＞米筛竹＞石角竹＞青竿竹＞黑甜龙竹＞泰竹。

7.3.3 维生素C含量

维生素C能增强机体免疫功能。供试竹笋每100 g鲜笋中维生素C的含量在3.9 mg至14.6 mg之间,鲜笋中维生素C含量的平均值为9.24 mg/100 g。其含量高低的排序为:黑甜龙竹＞大眼竹＞黄金间碧玉竹＞黑巨草竹＞石角竹＞泰竹＞乡土竹＞少穗竹＞大佛肚竹＞撑麻7号＞吊丝单竹＞大绿竹＞苏麻竹＞青竿竹＞花眉竹＞寿竹＞米筛竹＞东帝汶黑竹＞勃氏甜龙竹＞毛金竹＞橄榄竹＞四季竹＞安吉金竹＞乌芽竹＞黄皮刚竹＞角竹＞黄槽刚竹＞台湾桂竹＞马甲竹＞刚竹＞车筒竹＞黄甜竹。

7.3.4　蛋白质含量

竹笋是一种高蛋白、低脂肪、富纤维的蔬菜。在本项目测定的样品中,竹笋蛋白质含量变化范围在 1.013～2.669 g/100 g,平均值为 1.752 g/100 g。蛋白质含量由高到低的排列顺序是:角竹＞橄榄竹＞黄甜竹＞东帝汶黑竹＞泰竹＞石角竹＞乌芽竹＞黄金间碧玉竹＞花眉竹＞大头典竹＞车筒竹＞安吉金竹＞黄皮刚竹＞刚竹＞毛金竹＞米筛竹＞少穗竹＞黄槽刚竹＞大眼竹＞马来甜龙竹＞牛儿竹＞吊丝单竹＞台湾桂竹＞青竿竹＞马甲竹＞云南龙竹＞长毛米筛竹＞四季竹＞黑甜龙竹＞撑麻 7 号＞大佛肚竹＞红壳绿竹＞大绿竹＞乡土竹＞勃氏甜龙竹＞梁山慈竹＞巨龙竹＞壮绿竹＞版纳甜龙竹＞黑巨草竹＞苏麻竹＞寿竹。

7.3.5　粗脂肪含量

人体内积累过多的脂肪,将引起肥胖症、高血压和心血管病等多种疾病。竹笋中的脂肪含量普遍较低,本项目所测鲜笋粗脂肪含量百分比变化范围为 0.040%～1.290%,鲜笋粗脂肪含量百分比均值为 0.552%。鲜笋粗脂肪含量百分比由低到高为:乌芽竹＝寿竹＝角竹＝刚竹＝勃氏甜龙竹＝黄皮刚竹＜黄槽刚竹＜安吉金竹＜台湾桂竹＜黄甜竹＜东帝汶黑竹＜毛金竹＜少穗竹＜黑巨草竹＜云南龙竹＜橄榄竹＜黑甜龙竹＜撑麻 7 号竹＜版纳甜龙竹＜苏麻竹＜石角竹＜花眉竹＜车筒竹＜大佛肚＜泰竹＜黄金间碧玉竹＜乡土竹＜大眼竹＜四季竹＜米筛竹＜长毛米筛＜吊丝单竹＜大绿竹＜青竿竹＜大头典竹＜巨龙竹＜马甲竹＜牛儿竹＜梁山慈竹＜马来甜龙竹＜红壳绿竹＜壮绿竹。

7.3.6　粗纤维含量

竹笋中含有适量纤维素,对人体肠胃等消化系统的健康有益。供试竹笋中粗纤维的含量变化范围在 0.666%～1.613%,总体粗纤维含量的百分比均值为0.977%。粗纤维含量由高到低为:大佛肚竹＞毛金竹＞撑麻 7 号＞红壳绿竹＞台湾桂竹＞壮绿竹＞长毛米筛竹＞大头典竹＞吊丝单竹＞苏麻竹＞黄金间碧玉竹＞梁山慈竹＞泰竹＞牛儿竹＞车筒竹＞版纳甜龙竹＞东帝汶黑竹＞马来甜龙竹＞马甲竹＞花眉竹＞米筛竹＞巨龙竹＞黑甜龙竹＞云南龙竹＞黄甜竹＝乌芽竹＝寿竹＝角竹＝少穗竹＝黄槽刚竹＝橄榄竹＝安吉金竹＝四季竹＝刚竹＝勃氏甜龙竹＝大绿竹＝黄皮刚竹＝石角竹 ＝乡土竹＝青竿竹＝大眼竹＝黑巨草竹。

7.3.7　竹笋氨基酸含量及笋味

从味觉化学角度讲,氨基酸的作用在于呈味,氨基酸自身品种的多样性也导致了呈味的复杂性,加之笋体内所含其他物质的附加作用,决定了在一定程度上,可以通过竹笋不同成分物质含量的定量测定来推测和判定其味觉趋势。有些竹笋风味不宜用作鲜笋食用,但经脱苦处理,如发酵、腌制、干制等工艺,也可作为笋用竹种(Elizabeth A,etc. , 1991)。

本研究测定竹笋中总氨基酸含量范围在 120.43～279.01 g/kg,总氨基酸含量均值为 186.04 g/kg。必需氨基酸含量范围是 80.16～40.76 g/kg,必需氨基酸含量均值为 56.47 g/kg。其中,除色氨酸未检测以外,必需氨基酸中第一限制氨基酸为甲硫氨酸。

苦味氨基酸总含量在笋体中为 32.25～79.72 g/kg,按其含量大小排序为:毛金竹 ＞黄皮刚竹＞橄榄竹＞台湾桂竹＞黑甜龙竹＞刚竹＞黄槽刚竹＞勃氏甜龙竹＞石角竹＞黄金间碧玉竹＞乡土竹＞吊丝单竹＞花眉竹＞车筒竹＞安吉金竹＞东帝汶黑竹＞大绿竹＞青竿竹＞巨龙竹＞乌芽竹＞黄甜竹＞ 版纳甜龙竹＞长毛米筛竹＞黑巨草竹＞少穗竹＞梁山慈竹＞四季竹＞壮绿竹＞红壳绿竹＞米筛竹＞寿竹＞马甲竹＞角竹＞撑麻 7 号＞大眼竹＞泰竹＞大佛肚竹＞绿竹＞苏麻竹＞云南龙竹＞麻竹＞马来甜龙竹＞大头典竹＞牛儿竹。

甜味氨基酸含量在 30.32～58.73 g/kg 浮动,其含量高低排序为:石角竹＞花眉竹＞黑甜龙竹＞车筒竹＞黄金间碧玉竹＞乌芽竹＞毛金竹＞乡土竹＞黄皮刚竹＞吊丝单竹＞东帝汶黑竹＞刚竹＞泰竹＞版纳甜龙竹＞橄榄竹＞米筛竹＞梁山慈竹＞大绿竹＞青竿竹＞勃氏甜龙竹＞马甲竹＞黄甜竹＞台湾桂竹＞少穗竹＞大眼竹＞黑巨草竹＞巨龙竹＞安吉金竹＞黄槽刚竹＞角竹＞撑麻 7 号＞壮绿竹＞四季竹＞大佛肚竹＞绿竹＞云南龙竹＞红壳绿竹＞苏麻竹＞长毛米筛竹＞寿竹＞大头典竹＞牛儿竹＞马来甜龙竹＞麻竹。

鲜味是一种复杂的综合味感,鲜味氨基酸含量变化范围是 35.83～126.02 g/kg,其含量高低排序为:黄皮刚竹＞少穗竹＞黄槽刚竹＞角竹＞刚竹＞安吉金竹＞台湾桂竹＞毛金竹＞勃氏甜龙竹＞乌芽竹＞黄甜竹＞寿竹＞东帝汶黑竹＞大佛肚竹＞四季竹＞石角竹＞花眉竹＞橄榄竹＞大绿竹＞泰竹＞黑甜龙竹＞梁山慈竹＞吊丝单竹＞乡土竹＞黄金间碧玉竹＞青竿竹＞大眼竹＞撑麻 7 号＞云南龙竹＞红壳绿竹＞版纳甜龙竹＞巨龙竹＞车筒竹＞黑巨草竹＞绿竹＞米筛竹＞马甲竹＞壮绿竹

＞大头典竹＞牛儿竹＞苏麻竹＞麻竹＞长毛米筛竹＞马来甜龙竹。

　　芳香类氨基酸总含量变化范围为 6.02～42.52 g/kg,其含量由大到小的排序为:毛金竹＞橄榄竹＞台湾桂竹＞安吉金竹＞黄皮刚竹＞黑甜龙竹＞长毛米筛竹＞勃氏甜龙竹＞巨龙竹＞乌芽竹＞大绿竹＞乡土竹＞少穗竹＞黄甜竹＞黄金间碧玉竹＞红壳绿竹＞青竿竹＞壮绿竹＞东帝汶黑竹＞石角竹＞吊丝单竹＞黑巨草竹＞黄槽刚竹＞苏麻竹＞米筛竹＞大佛肚竹＞大头典竹＞角竹＞花眉竹＞撑麻 7 号＞车筒竹＞马甲竹＞梁山慈竹＞马来甜龙竹＞刚竹＞大眼竹＞云南龙竹＞版纳甜龙竹＞绿竹＞四季竹＞泰竹＞寿竹＞麻竹＞牛儿竹。

　　需要说明的是,竹笋的营养成分与笋用竹竹种、栽培条件、采收时间等密切相关。本项目测试所得的各竹笋的营养成分只是试验地某一时段所采竹笋的测得值。竹笋的优良与否除与其营养成分有关外,还与口感、笋味以及消费习惯等密切相关。

7.4　周年供笋模式

　　本项目根据 3.3 建立的"优良笋用竹竹种选择的量化评价指标体系",以及对试验地笋用竹竹笋的营养成分分析、笋味、竹笋产量、特别是出笋时间早晚及持续时间、供应时期、利用情况、推广应用前景等的调查研究结果以及相关笋用竹研究文献资料,对各笋用竹种进行综合评价打分,提出了福建(包括闽南地区)周年供笋模式配置的建议竹种 20 种。1 月份建议配置的竹种:毛竹(冬笋)、雷竹(需要人工促成栽培措施);2 月份:雷竹、毛竹(冬笋);3 月份:雷竹、毛竹(春笋)、福建酸竹、黄甜竹、高节竹、红哺鸡竹、乌哺鸡竹、花哺鸡竹、白哺鸡竹、毛金竹;4 月份:福建酸竹、黄甜竹、毛竹(春笋)、高节竹、红哺鸡竹、乌哺鸡竹、花哺鸡竹、白哺鸡竹、毛金竹、雷竹;5 月份:福建酸竹、黄甜竹、毛金竹、雷竹;6 月份:云南龙竹、麻版 1 号、花吊丝竹、勃氏甜龙竹、吊丝单竹、麻竹、绿竹;7 月份:云南龙竹、麻版 1 号、清甜竹、花吊丝竹、麻竹、版纳甜龙竹、勃氏甜龙竹、吊丝单竹、绿竹;8 月份:云南龙竹、麻版 1 号、清甜竹、花吊丝竹、麻竹、版纳甜龙竹、勃氏甜龙竹、吊丝单竹、绿竹;9 月份:云南龙竹、麻版 1 号、清甜竹、花吊丝竹、麻竹、绿竹、勃氏甜龙竹、吊丝单竹、大头典竹、白绿竹、大木竹;10 月份:云南龙竹、麻版 1 号、清甜竹、梁山慈竹、花吊丝竹、麻竹、勃氏甜龙竹、吊丝单竹;11 月份:毛竹(冬笋)、雷竹(需要人工促成栽培措施);12 月份:毛竹(冬笋)、雷竹(需要人工促成栽培措施)。

　　需要说明的是,周年供笋模式推荐的竹种只是建议优先配置的竹种,在实际应用中应该根据当地具体情况具体分析,根据当地自然条件、耕作方式、消费习惯等选择适合本地的竹种进行合理配置。

7.5 笋用竹培育技术要点

竹子的生长发育与一般的树种不同,它只有初生生长,没有次生生长,即一次性长大成形,以后不会再增粗长高。笋用竹林的抚育管理的目的在于提高竹林群体光能的利用率,一方面是改善竹林的环境条件,为竹林生长创造良好的温、光、水、气、肥等环境条件;另一方面通过调整竹林结构,使之充分利用环境资源。竹笋作为福建省的一个重要经济作物,影响其产量的因素较多,要想提高福建省竹笋种植的整体产量,笋用竹的培育应根据栽植地的自然地理条件,因地制宜,采取综合的科学技术措施,如调整竹林结构,改善环境条件等,以达到优产、丰产的目的。国内有关竹子丰产培育技术措施的相关文献很多,本项目分丛生型、散生型和混生型笋用竹,仅简要介绍其培育技术要点。

7.6 笋用竹的种类

福建地处中亚热带至南亚热带,由于其优越的自然地理条件,非常适合竹类植物的生长,从散生竹、混生竹至丛生竹在该区域不同地方均有良好的表现。长期以来,福建人民就有种竹吃笋的习惯,尤以食用毛竹、绿竹笋和麻竹笋为最常见,故该地区这三种竹笋的产量最高,消费量最大。本项目根据相关文献资料以及作者研究成果,除重点介绍用于福建省周年供笋配置的优良笋用竹种20种外,也介绍了19种具开发推广潜力的优良笋用竹种。此外,本项目在最后附图中将福建地区可见的部分竹笋的照片附上,供今后进一步研究或进行竹笋鉴定时参考借鉴。

7.7 厦门竹笋业现状及发展对策

厦门位于福建东南沿海,是中国最早实行改革开放的四个经济特区之一,随着社会经济的快速发展,人们对竹笋这一绿色健康食品的需求越来越大,但可用于耕作的土地越来越少,竹笋业发展的模式和路径与其他地区差异显著,具有典型性和代表性。故本项目以厦门为例,阐述厦门竹笋业现状及发展对策,以资厦门和其他类似地区参考借鉴。

附　图

附图一　笋期生长规律观察（福建省闽侯县南屿镇溪坂村样地一，部分照片）

毛金竹1　　　　　　　　　　　毛金竹2

毛金竹3　　　　　　　　　　　红哺鸡竹1

红哺鸡竹2

红哺鸡竹3

绿槽毛竹1

绿槽毛竹2

绿槽毛竹3

高节竹1

高节竹2

高节竹3

少穗竹1

少穗竹2

少穗竹3

江南竹（橄榄竹）1

江南竹（橄榄竹）2

江南竹（橄榄竹）3

人面竹1

人面竹2

人面竹3

雷竹1

雷竹2

雷竹3

附图二 笋期生长规律观察（福建省闽侯县南屿镇溪坂村样地二，部分照片）

毛金竹1

毛金竹2

毛金竹3

红哺鸡竹1

红哺鸡竹2

红哺鸡竹3

绿槽毛竹1

绿槽毛竹2

绿槽毛竹3

高节竹1

高节竹2

高节竹3

少穗竹1

少穗竹2

少穗竹3

江南竹（橄榄竹）1

江南竹（橄榄竹）2

江南竹（橄榄竹）3

雷竹1

雷竹2

雷竹3　　　　　　　　　　　　　　　　人面竹

附图三 用于营养成分分析的部分竹笋照片（福建省华安竹种园）

橄榄竹

安吉金竹

黄槽刚竹

寿竹

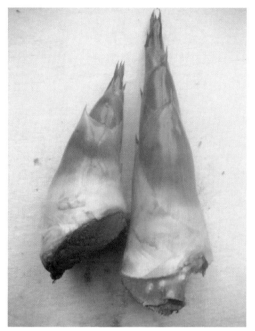

吊丝单竹

乌芽竹

刚竹

角竹

少穗竹

台湾桂竹

撑麻7号

四季竹

黄甜竹

黄皮刚竹

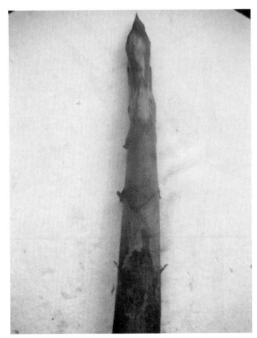

大佛肚竹

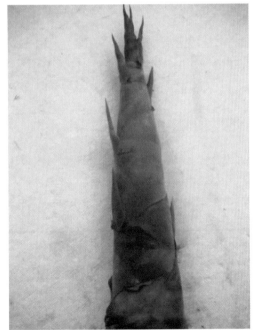

勃氏甜龙竹

大绿竹　　　　　　　　　　　　　　　毛金竹

麻竹　　　　　　　　　　　　　　　马来甜龙竹

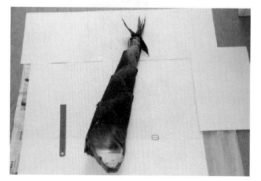

版纳甜龙竹　　　　　　　　　　　　　红壳绿竹

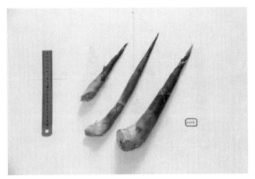

长毛米筛竹

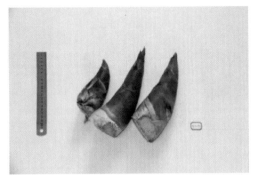

牛儿竹

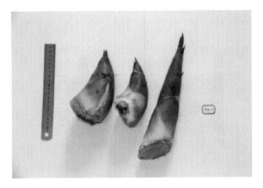

撑麻7号

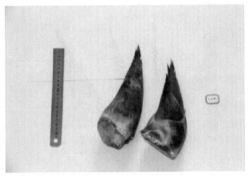

大头典竹

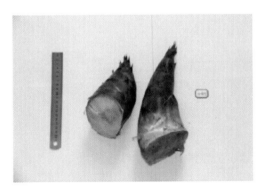

壮绿竹

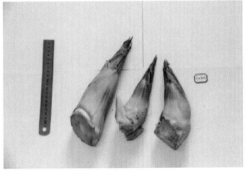

吊丝单竹

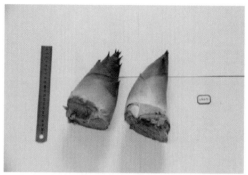

云南龙竹

巨龙竹

米筛竹

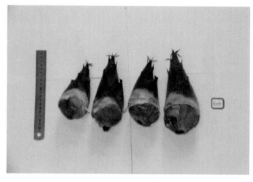

梁山慈竹

附图四　用于营养成分分析的部分竹笋照片(厦门市园林植物园)

黄金间碧玉竹

车筒竹

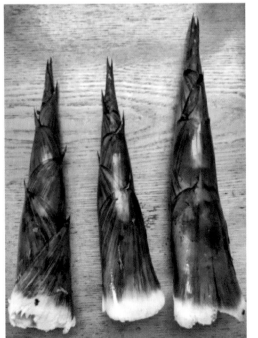

石角竹

泰竹

花眉竹

米筛竹

乡土竹

青竿竹

马甲竹　　　　　　　　　　　大眼竹　　　　　　　　　草黑竹（黑巨草竹）

黑甜龙竹　　　　　　　　　　　　东帝汶黑竹

附图五　其他竹笋照片

青皮刚竹

寿竹

实肚竹

真水竹

安吉金竹

泰竹

撑篙竹

大眼竹

篱竹

坭篱竹

油苦竹

摆竹

撑麻青

青芳竹

青丝黄竹

鼓节竹

龟甲竹

唐竹

黄篱竹

绿槽刚竹

中华业平竹

茶秆竹

乌芽竹

粉酸竹

圣音竹　　　　　　　　　　　黄槽毛竹

红舌唐竹　　　　　　　　　　　强竹

薄箨茶秆竹

满山爆竹

杠竹

唐竹

光叶唐竹

箽竹

紫蒲头灰竹

肿节少穗竹

福建茶秆竹

橡竹

绿槽毛竹

淡竹

永安少穗竹

早竹

富阳乌哺鸡竹

贵州刚竹

绿皮黄筋竹

黄纹竹

慧竹

实心茶秆竹

永安茶秆竹

假毛竹

笹竹

实心苦竹

单竹

粉单竹

短穗竹

花巨竹

花竹

金丝慈竹

龙头竹

马来麻竹

毛笋竹　　　　　　　　　　　　　　　　美浓麻竹

木宣竹　　　　　　　　　　　　　　　　糯米香竹

长毛米筛竹

歪脚龙竹（巨龙竹）

青皮竹

沙罗单竹

云南甜龙竹　　　　　　　　　　　　　花叶唐竹

长耳吊丝竹　　　　　　　　　　　　　万石山思劳竹

斑竹   紫竹

短枝黄金竹   大佛肚竹

籕竹

小籕竹

长枝竹

妈竹

参考文献

[01] 方伟,桂仁意,马灵飞,等.中国经济竹类[M].北京:科学出版社,2015.

[02] DING Y. *Phyllostachys* in China and its utilization[J]. Belgian Bamboo Soc Newsletter, 1996,12: 7-15.

[03] WALTER LIESE. 竹类研究进展[J].南京林业大学学报(自然科学版),2001,25(4):1-6.

[04] LINDLEY J. Bamboo[J]. Penny Cycl Sco,1835, 3: 355-357.

[05] Camus E G. Bambusees nouvelles in Natulae Systematicae[M]. Lecomte ed, 1912, Tome Ⅱ: 243-246.

[06] MCCLURE F. Some observations on the bamboos in Kwangtung [J]. Lingnan Agr Rev,1925, 3: 40-47.

[07] LEE A,BAI X,PERALTA P. Physical and mechanical properties of strandboard made from Moso Bamboo[J]. Forest Prod J,1996, 46, 84-88.

[08] 孙家华等.竹笋[M].北京:科学技术文献出版社,1992,09.

[09] MAXIM LOBOVIKOV, SHYAM PAUDEL, MARCO PIAZZA, et al. 2007. World bamboo resources:a themaic study prepared in the framework of the Global Forest Resources Assessment 2005. Non-Wood Forest Products,18. Food and Agriculture Organization of the United Nations, Rome.

[10] 萧江华.我国竹业发展现状与对策[J].竹子研究汇刊,2000,19(1):1-5.

[11] 郑国太.不同经营类型竹阔混交林林分生产力调查研究[J].现代农业科技,2015,10:152-156.

[12] 熊德礼,郑清芳.福建省竹亚科植物区系及其研究进展[J].福建林学院学报,2001,21 (2):186-192.

[13] 黄克福.福建刚竹属植物的调查研究[J].福建林学院学报,1985, 11 (5)增刊:17-26.

[14] 林益明.福建省观赏竹类资源及其园林配置[J].中国生态农业学报,2001,9(2): 104-106.

[15] 张万萍,杨民,孙际珊.贵州不同山地竹笋品质分析研究[J].山地农业生物学报, 2010,29(2):130-134.

[16] 杨月欣,王光亚.实用食物营养成分分析手册[M].北京:中国轻工业出版社,2002: 75-163.

[17] BHATT B. P. ,SINGH K. , & SINGH A. Nutritional values of some commercial edible bamboo species of the North Eastern Himalayan region,India. Journal of Bamboo and Rattan,2005,4(2):111-124.

[18] 宋秋华,陈梅,吴启南.淡竹叶中总黄酮提取工艺研究[J].中国中医药信息杂志, 2007,14(3):46-47.

[19] 刘晓婷.膳食纤维的开发和应用[J].中国食品与营养,2004,(9):21-24.

[20] KUMBHARE V. , & BHARGAVA A. Effect of processing on nutritional value of central Indian bamboo shoots. Part-1. Journal of Food Science and Technology,2007,44 (1):29-31.

[21] 杨慧敏,吴良如.24 种竹笋蛋白对肿瘤细胞增殖的抑制作用[J].竹子学报,2018, 37(2):49-56.

[22] 刘力,林新春,等.苦竹笋、叶营养成分分析[J].竹子研究汇刊,2005,24(2):15-18.

[23] 金爱武,吴鸿,傅秋华,等.竹笋高效益生产关键技术[M].北京:中国农业出版 社,2004.

[24] 厦门市地理学会.厦门经济特区地理[M].厦门:厦门大学出版社,1995,1-70.

[25] 邹跃国.福建华安竹类植物园种质资源异地保存与分析[J].世界竹藤通讯,2006,4 (4):23-26.

[26] 余学军,等.竹笋安全生产技术指南[M].中国农业出版社,2012.

[27] 国家林业局.全国竹产业发展规划(2013—2020 年)[EB].(2013-08-02)[2014-07-28]

[28] 王富华,万凯,杨慧,等.GB/T 12312—2012.感官分析味觉敏感度的测定方法.北京:中国标准出版社,2012,1-15.

[29] 郑郁善,洪伟,邱尔发,等.毛竹出笋退笋规律的研究[J].林业科学,1998,5(34): 73-76.

[30] 蔡纫秋.角竹笋期生长规律的研究[J].竹子研究汇刊,1985,4(2):64-70.

[31] 金川.绿竹高生长节律的研究[J].竹子研究汇刊,1988,7(4):51-62.

[32] 陈松河.黄甜竹笋期生长规律的研究[J].热带农业科学,2001,4(92):17-21.

[33] GB/T5009.3—2003 食品中水分的测定 27-28.

[34] GB /T 5009.4—2003 灰分用直接灰化法测定.

[35] GB/T 5009.86—2003 维生素 C 采用紫外分光光度法测定.

[36] GB/T 14771—1993 粗蛋白用凯氏定氮法测定.

[37] GB/T14772—2008 粗脂肪采用索氏提取法测定.

[38] GB/T 05009.10—2003 粗纤维采用酸碱消煮法测定.

[39] GB/T 5009.124—2003 氨基酸自动分析仪测定.

[40] 杨维忠,张甜,刘荣. SPSS 统计分析与行业应用案例详解(第三版)[M].清华大学出版社,2011.

[41] 夏丽华,谢金玲,等. SPSS 数据统计与分析标准教程[M].北京:清华大学出版社,2014.

[42] 罗平源,江燕,张万萍,等.贵州不同竹笋林地土壤理化性状分析[J].耕作与栽培,2006(3):20-22.

[43] 王曙光,普晓兰,丁雨龙,等.云南箭竹2个变异类型竹笋营养成分分析[J].南京林业大学学报:自然科学版,2009,33(3):136-138.

[44] 王茜,王曙光,邓琳,等.不同种源版纳甜龙竹竹笋营养成分分析[J].西南林业大学学报,2017,37(5):188-192.

[45] Chongtham N,Bisht MS,Haorongbam S (2011). Nutritional properties of bamboo shoots:Potential and prospects for utilization as a henlth food. Comprehensive Reviews in Food Science and Food Safety,10(3),150-171.

[46] 周中凯,杨艳,郑排云,等.肠道微生物蛋白质的发酵与肠道健康的关系[J].食品科学,2014,35(1):303-309.

[47] 杨奕,董文渊,邱月群,等.筇竹笋生长过程中营养成分的变化[J].东北林业大学学报,2015(1):80-82.

[48] 甘小洪,唐翠彬,温中斌,等.寿竹笋的营养成分研究[J].天然产物研究与开发,2013,25(4):494-499.

[49] 裴佳龙,李鹏程,王茜,等.云南不同地理种源勃氏甜龙竹竹笋营养成分比较[J].西北林学院学报,2018,33(1):156-161.

[50] 王小生.必需氨基酸对人体健康的影响[J].中国食物与营养 2005(7):48-49.

[51] 郑炯,夏季,陈光静,等.腌制加工对麻竹笋氨基酸含量的影响[J].食品工业科技,2014,35(3):339-342.

[52] 查锡良,周春燕.生物化学(第 7 版)[M].北京:人民卫生出版社,2005:9-10.

[53] 李明良,唐翠彬,陈双林,郭子武,等.覆土栽培对高节竹笋呈味氨基酸的影响[J].

浙江林业科技,2015,35(2):54-57.

[54] 谢家发.统计分析方法应用及案例[M].北京:中国统计出版社,2004.

[55] 苏金明,傅荣华,周建斌,等.统计软件SPSS系列应用实战篇[M].北京:电子工业出版社,2002.

[56] 杨校生,谢锦忠,马占兴,等.17种丛生竹笋的感官与营养品质评价[J].林业科技开发,2001, 15(5) :16-18.

[57] 陈绪和.中国竹浆造纸向何处去[J].中国林业,2008(10):22-23.

[58] 万杰.发展浆用竹林助推竹纸结合[J].林业经济,2008(3):25-27.

[59] 张谦益,张明德,王香林.牛肉酶解物的氨基酸组成分析[J].肉类研究,2006(6):29-30

[60] 徐圣友,曹万友,宋日钦,等.不同品种竹笋蛋白质与氨基酸的分析与评价[J].食品科技,2005,26(7):222-227.

[61] FAO/WHO. Energy and protein requirements [R]. Report of a joint FAO/WHO expert committee. Technical report series no. 522. Geneva:World Health Organization,1973.

[62] FAO/WHO/UNU. Energy and protein requirements [R]. Report of a joint FAO/WHO/UNU expert consultation. Technical report series no. 724. Geneva:World Health Organization,1985.

[63] 刘晶晶.苦味机理及苦味物质的研究概况[J].食品科技,2006,31(8):21-24.

[64] 郝晓霞.苦味物质研究概况[J].黄冈师范学院学报,2008,28(B06):90-92.

[65] 陈松河,陈榕生,黄克福,等.中国竹亚科牡竹属一新种——长耳吊丝竹[J].植物科学学报,2013,31(6):536-539.

[66] 贾良智,冯学琳.关于慈竹属和单竹属的讨论[J].植物分类学报,1980,18(2):211-216.

[67] 耿伯介,王正平.中国植物志:第9卷,第1分册[M].北京:科学出版社,1996.

[68] Flora of China Editorial Committee, Flora of China Vol. 22(Poaceae, Tribe Bambuseae) [M]. Beijing & St. Louis: Science Press & Missouri Botanical Garden Press, 2006.

[69] 易同培,史军义,马丽莎,等.中国竹类图志[M].北京:科学出版社,2008.

[70] 易同培,马丽莎,史军义,等.中国竹亚科属种检索表[M].北京:科学出版社,2009.

[71] 温太辉.浙江刚竹属新分类群[J].植物研究,1982,2(1):61-88.

[72] 马乃训,赖广辉,张培新,等.中国刚竹属[M].杭州:浙江科技出版社,2014:115.

[73] 史军义,易同培,马丽莎,等.中国观赏竹[M].北京:科学出版社,2012:394.

[74] 朱石麟,马乃训,傅懋毅.中国竹类植物图志[M].北京:中国林业出版社,1994:126.

[75] 叶德生,徐国华.闽北优良笋用散混生竹种的初步选择[J].福建林业科技,2003,30(增1):25-26.

[76] 姜晓装,黄衍串.江西笋用竹引种现状与发展建议[J].林业科技开发,2000,14(3):12-14.

[77] ELIZABETH A. WIDJAJA. The Pecullar Preparation of Bamboo Shoots for Culinary Purposes in Indonesia. J. Amer. Bamboo Soc,1991,1&2(8):146-150.

[78] 陈松河.厦门植物园竹类植物引种初报[J].江西农业学报,2007,19(5):44-47.

[79] 陈松河,郑清芳.黄甜竹笋用林的生物量、叶面积指数和叶绿素含量[J].亚热带植物通讯(现已更名为《亚热带植物科学》),1996,25(1):22-27.

[80] 陈松河.观赏竹园林景观应用[M].北京:中国建筑工业出版社,2009.5.

[81] 陈松河.竹类植物耐盐性研究与园林应用[M].北京:中国建筑工业出版社,2014.3.

[82] 黄克福,等.麻竹、绿竹丰产培育技术.福建省地方标准(DB35/T83—1997),福建省技术监督局批准,1997-05-10发布,1997-06-01实施.

[83] 王裕霞,张光楚,李兴伟.优良丛生笋用竹及杂种竹竹笋品质评价的研究[J].竹子研究汇刊,2005,24(4):39-44.

[84] 陆明,李健雄.清甜竹引种开发效果与推广价值[J].广西林业,1998(1):18.

[85] 陈松河,张万旗,包宇航,洪跃龙,黄克福.厦门竹笋业现状及发展对策初探[J].现代农业科技,2015年第22期:316-318.

[86] 陈松河,丁振华,张万旗,等.三种优良观赏竹的观赏特性及竹笋营养成分的分析[C].中国园艺学会第四届全国花卉资源、育种、栽培及应用技术交流会论文集,内蒙古呼和浩特,2016年8月5—9日:108-112.

[87] 陈松河,马丽娟,包宇航,等.22种笋用竹出笋——成竹规律的研究[C].第十三届中国竹业学术大会论文集,中国林学会竹子分会,2017年11月:390-394.

[88] 陈松河,邹跃国,马丽娟,等.优良笋用竹种量化评价指标体系的建立与应用[J].世界竹藤通讯,2018,16(2):17-20.

[89] 廖国华.福建省竹笋资源开发利用及笋用竹丰产培育技术[J].福建农业科技,2018(3):17-22.

[90] 翁国安.福建省竹笋种植如何提高整体产量[J].农家科技(下旬刊),2014(6):318.

[91] 陈松河,黄克福.绿竹新品种"绿矮脚"[J].园艺学报,2018,45(5):1013-1014.

［92］陈松河,黄克福.麻竹新品种"矮脚麻"［J］.园艺学报,2018,45(S2)：2855-2856.

［93］陈松河,刘婧,罗祺,等.少穗竹和四季竹竹笋的营养成分分析［J］.世界竹藤通讯,2018,16(6)：33-36.

［94］陈松河,马丽娟,丁振华,等.5种牡竹属笋用竹竹笋营养成分之比较［J］.竹子学报,2018,37(4)：4-9.

［95］林美如.福建省竹产业发展现状分析［J］.世界竹藤通讯,2019,17(3)：38-41转46.

后 记

　　本书是在笔者主持完成的厦门市科技计划项目"闽南地区笋用竹特性及周年供笋模式的研究"(3502Z20144072)基础上补充相关研究资料后整理完成的。项目的顺利实施和完成,得到了项目组陈榕生(顾问)、张万旗、丁振华、包宇航、黄克福、马丽娟、郭惠珠、罗祺、刘开聪、刘婧等同志的大力协助或参与! 特别要感谢的是厦门市科学技术局为本项目立项并提供经费资助! 感谢厦门市市委组织部、厦门市财政局为本书提供出版资金资助! 感谢厦门市园林植物园领导、花木生产科、科技科、工程部等众多同事和国内外专家学者的大力支持和帮助! 在竹类新分类群(含新品种)的鉴定发表过程中得到了我国著名的竹类专家四川农业大学教授易同培教授、中国林科院亚林所马乃训研究员和中国林科院西南花卉研究开发中心史军义教授、《福建竹类》植物绘图专家黄文荣先生、中国科学院植物研究所北京植物园林秦文博士、孙英宝先生、福建农林大学林学院郑世群副教授等的大力支持和帮助;在竹类植物竹笋野外田间取样、分析测定、笋期生长规律调查过程中得到了福建华安竹种园邹跃国高级工程师、杨长发师傅,厦门大学环境与生态学院丁振华教授研究团队及彭洪泽、林政文等研究生,闽侯青芳竹园林靖先生的大力支持和帮助;在竹笋营养成分分析测定过程中得到了福建省亚热带植物研究所中心实验室的大力支持和帮助;在此一并表示衷心的感谢!

陈松河

2019 年 7 月